U0396617

高效玩转 DeepSeek

解锁90%的人都不知道的使用技巧

刘典 著

北京联合出版公司
Beijing United Publishing Co.,Ltd.

图书在版编目（CIP）数据

高效玩转 DeepSeek：解锁 90% 的人都不知道的使用技巧 / 刘典著 . -- 北京：北京联合出版公司, 2025. 3.（2025.4 重印）

ISBN 978-7-5596-8342-7

Ⅰ . TP18

中国国家版本馆 CIP 数据核字第 2025YR7257 号

高效玩转 DeepSeek：解锁 90% 的人都不知道的使用技巧

作　　者：刘　典

出 品 人：赵红仕

责任编辑：牛炜征

版式设计：张　敏

责任编审：赵　娜

北京联合出版公司出版

（北京市西城区德外大街 83 号楼 9 层　100088）

北京华景时代文化传媒有限公司发行

河北鹏润印刷有限公司印刷　　新华书店经销

字数 181 千字　　690 毫米 ×980 毫米　　1/16　　16.5 印张

2025 年 3 月第 1 版　　2025 年 4 月第 4 次印刷

ISBN 978-7-5596-8342-7

定价：69.80 元

Introduction

开启智能新纪元

你有没有想过，我们的世界正悄无声息地进入一个全新的时代？

从写作到编程，从对话到数据分析，AI 正在以前所未有的速度渗透到我们的生活中，不断刷新我们的工作方式和思维习惯。过去，你可能需要几个小时甚至几天才能完成的一项任务，现在只需几秒钟就能搞定。

在这场变革的浪潮中，DeepSeek 成了一个让人惊叹的存在——它不仅仅是一个 AI 模型，更像是你的智能工作搭档，随时待命，帮助你提高效率，让你的创造力无限释放。

2025 年春节，DeepSeek 成了科技圈和资本市场的"超级明星"。2025 年 1 月 27 日，它在苹果 App Store 中国区和美国区的免费榜上双双登顶，创造了历史。连一向稳坐 AI 头把交椅的 ChatGPT 这次都被 DeepSeek 盖过了风头。在社交媒体和科技论坛上，关于

DeepSeek 的讨论铺天盖地，甚至连 Meta 内部都有员工匿名在平台上透露，公司因 DeepSeek 的崛起而感到危机重重。而在 AI 领域最具权威的 Arena 排行榜上，DeepSeek-R1 迅速攀升至全类别大模型第三，在风格控制类模型中更是与 OpenAI o1 并列第一。

DeepSeek 的"王炸"表现不仅仅是技术上的胜利，更是资本市场的一场风暴。

1 月 27 日早间，DeepSeek 概念股集体高开，部分股票直接涨停，而它的强势崛起甚至撼动了 AI 硬件巨头英伟达的市场信心。1 月 24 日，英伟达股价一度下跌超过 3%，1 月 27 日美股盘前跌幅更是扩大至 13%。投资者开始重新思考：难道 AI 的未来不再是"算力至上"吗？

DeepSeek 以低成本、高效率的方式，向全球展示了一种全新的可能性。

与传统 AI 模型不同，DeepSeek 并不依赖昂贵的 GPU 计算资源和庞大的资金投入，而是通过创新的算法架构，具备了更高效的推理能力。这不仅降低了 AI 研发的门槛，也让开发者们看到了新的方向。DeepSeek 采用了开源模式，与 OpenAI、Anthropic 这些封闭模式的 AI 巨头形成了鲜明对比。这一策略让 DeepSeek 在短时间内吸引了全球范围内的开发者，形成了强大的技术生态。就连 Meta 首席 AI 科学家杨立昆都公开表示，DeepSeek 证明了开源模式的价值，并预示了 AI 未来的发展趋势。

当然，DeepSeek 的魅力不仅仅在于技术创新，更体现在它对于实际应用场景的适配性。过去，大模型往往是"万金油"，虽然什么都能做一点，但缺乏真正的专业性。而 DeepSeek 通过垂直领域知识强化，在数学、编程、法律、医学、金融等领域都有出色的表现。在 MATH-500 和 AIME 2024 等数学基准测试中，DeepSeek 的推理能力已经超越了许多闭源大模型，而在 LiveCodeBench、HumanEval 等代码任务上，DeepSeek 也展现出了超高的代码理解和优化能力。

更让人惊喜的是，DeepSeek 具备持续学习能力，不会像传统 AI 那样在训练结束后"停滞不前"。

DeepSeek 采用了全新的反馈优化机制，能够在与用户的交互过程中不断调整自身的回答，使其越来越精准。换句话说，每次使用 DeepSeek，你都在让它变得更聪明。这种学习能力不仅提升了用户体验，也使得 DeepSeek 在长期使用中展现出更高的实用价值。

当然，对于中文用户来说，AI 最让人头疼的一个问题是：很多大模型都"不会说中文"。它们在处理中文时容易出现翻译僵硬、语义不准确、理解网络热词有障碍等问题。而 DeepSeek 则在中文语料的深度优化上做足了功课，它能像母语者一样理解和表达中文。无论是学术论文、新闻写作，还是流行语、网络热词，DeepSeek 都能准确地给出符合语境的表达。比如，你问它"躺平"是什么意思，它不会给你一个生硬的字面翻译，而是会结合社交语境告诉你，这是一种对现代社会压力做出的反应，并提供相关的文化背景解读。

那么，如何才能真正玩转 DeepSeek，让它成为你的智能增效利器？别急，这本书就是你的最佳指南。从零开始，我们会带你一步步了解 DeepSeek 的强大能力，并教你如何高效使用它，让它成为你的

"超级外挂"。

全书共分为三个部分——认知篇、基础篇和进阶篇,每一部分都会帮助你在不同的层次上掌握 DeepSeek。

"认知篇"将带你回顾 AI 大模型的发展历程,剖析 DeepSeek 在行业中的独特优势。你将了解到它的三大核心突破——垂直领域的知识强化、持续学习的反馈机制,以及中文语料的深度优化。此外,我们还会探讨 DeepSeek 适合哪些人群,在哪些场景下它能发挥最大作用。

"基础篇"是 DeepSeek 的"使用说明书",带你从零开始快速上手。从注册账号到熟悉界面,从提示词设计到多轮对话技巧,我们会提供详细的案例和操作指南,让你迅速掌握 DeepSeek 的基本操作。同时,我们还会深入探索 DeepSeek 的高级功能,比如持续对话记忆、知识库定向调优、任务分解、结果迭代等,确保你能够充分发挥它的潜力。

"进阶篇"则是为进阶用户准备的高阶玩法。如果你想将 DeepSeek 与办公软件(如 Word、Excel、PPT)无缝集成,或者想通过 API 让 DeepSeek 变成你的私人 AI 助手,这部分内容会帮助你实现这些目标。同时,我们也会讨论 DeepSeek 与其他 AI 模型的核心差异,以及 AI 未来的发展趋势,让你始终站在智能科技的前沿。

无论你是 AI 小白,还是想要提升效率的职场达人,这本书都会帮助你掌握 DeepSeek,让它成为你的得力助手。AI 时代已经到来,别再犹豫,现在就加入这场变革,解锁 DeepSeek 带来的无限可能吧!

Contents 目录

进阶篇：探索 DeepSeek 更多可能

认知篇

理解 DeepSeek 核心优势

第1章
AI 世界的 DeepSeek 坐标

第2章
DeepSeek 能力边界认知

第 1 章　AI 世界的 DeepSeek 坐标

1.1　大模型进化简史：从 GPT 到 DeepSeek

在科技发展的长河中，人工智能的进步堪称一场革命。它从早期的实验室探索逐步走向商业应用，并最终融入我们的日常生活。从最初的简单对话机器人，到如今功能强大的大模型，每一步进化都充满了惊喜与挑战。DeepSeek 的出现，正是这场 AI 进化史上的一个重要里程碑。要理解 DeepSeek 的核心优势，我们需要先从人工智能大模型的发展历程讲起，回顾它如何一步步成长为今天的模样。

最早的人工智能尝试可以追溯到 20 世纪 60 年代，那个年代计算机刚刚起步，AI 的能力极为有限。1966 年，一个名叫 ELIZA 的程序诞生了，它可以模拟心理医生与人对话。然而，它只能进行简单的关键词匹配，并不具备真正的理解能力。几十年后的 1997 年，IBM 的深蓝（Deep Blue）击败了国际象棋大师卡斯帕罗夫，这让人们看到了 AI 在特定任务上的超凡能力。然而，这类人工智能仍然是"专才"，只擅长特定的计算问题，无法像人类一样自由思考、创作。

真正的突破发生在 2018 年，谷歌发布了 BERT（Bidirectional Encoder Representations from Transformers），一个基于"变换器"（Transformer）架构的 AI 模型。BERT 让计算机第一次

具备了对语言的深度理解能力，使搜索引擎、翻译软件、问答系统的智能化水平大幅提高。然而，BERT 的局限性在于，它主要用于理解文本，而无法进行创造性的写作和生成内容。就在 BERT 发布的同一年，OpenAI 推出了 GPT（Generative Pre-trained Transformer），这标志着 AI 进入了"生成式模型"的新时代。

GPT 的独特之处在于，它不仅能理解语言，还能创作新的内容。最初的 GPT-1 模型规模较小，能力有限，但它已经展现出"机器写作"的潜力。2019 年，OpenAI 推出 GPT-2，其文本生成能力远超前代，甚至能模仿不同作家的文风，写出连贯且富有创意的文章。这一进步让人们意识到，AI 不仅能成为信息的"搬运工"，还能成为信息的"创作者"。2020 年，GPT-3 横空出世，参数规模达到了惊人的 1750 亿，使得 AI 生成的内容在逻辑性、流畅度和创意上达到了全新高度。到了 2023 年，GPT-4 的出现更是让 AI 具备了更强的推理能力，甚至能通过律师资格考试、撰写学术论文、编写复杂的计算机代码。人工智能已经从"智能助手"逐步迈向"智能顾问"的角色，开始在各行各业发挥越来越重要的作用。

然而，GPT 模型虽然强大，却并非完美。它的训练数据主要来自全球互联网，知识面广泛但深度不足，尤其在特定专业领域的应用上，往往难以提供准确、可靠的信息。此外，GPT 的反馈机制有限，用户的输入无法直接影响模型的优化，使得它在个性化学习方面存在一定的局限性。而在中文环境下，GPT 的表现也存在一定的问题，比如词义理解不到位、翻译生硬、缺乏对本土文化的深刻认知等。这些问题为后续大模型的优化提供了新的方向，也成为 DeepSeek 崭露头角的契机。

DeepSeek 的诞生正是为了解决这些痛点。它继承了 GPT 的优点，同时针对其不足之处进行了深度优化，使其更贴近用户需求。首先，DeepSeek 在专业领域的表现更为突出。相比于传统大模型"泛而不精"的知识结构，DeepSeek 加强了垂直领域的训练，使其在法律、金融、医学、科技等专业知识方面的理解更加深入。这意味着，如果用户需要查阅财务分析、法律条款、医学指南等信息，DeepSeek 能够提供更精准、更权威的解答。它不仅仅是一个聊天机器人，更像是一个精通多领域的 AI 专家，能够辅助人们进行专业决策。

其次，DeepSeek 采用了全新的反馈机制，使它具备了"自我进化"的能力。以往的 AI 模型在训练完成后基本上是静态的，而 DeepSeek 可以通过用户的输入不断优化自身。当用户指出某个回答不够精准时，DeepSeek 能够记录反馈并在后续对话中进行调整。这种"持续学习"的特性，让 DeepSeek 能够随时间推移变得更加智能，更能满足不同用户的个性化需求。这种机制的引入，使 AI 不再是一个被动的工具，而是可以"成长"的助手。

再次，除了专业性和持续学习能力外，DeepSeek 在中文环境下的表现也得到了大幅提升。很多大模型最初是基于英文数据训练的，因此在处理中文时容易出现误解或表达不自然的问题。而 DeepSeek 从训练阶段就特别强化了中文语料，优化了对中文的理解能力，使其能更流畅地生成自然、符合语境的中文文本。此外，它对中文互联网的知识掌握得更加精准，能够理解社交媒体流行的词汇和表达方式，比如"内卷""躺平"等，这让它在实际使用中更加接地气，也更容易被中文用户接受。

从 GPT 到 DeepSeek，我们见证了 AI 大模型的不断进化。DeepSeek 不仅继承了前辈们的智能对话能力，还通过在专业领域的强化、持续学习机制的引入以及对中文语料的优化，成为一款更贴近实际应用、更具实用价值的 AI 工具。它不仅仅是信息的提供者，更是一个能够真正提升生产力、优化工作流程、辅助创新的智能助手。

AI 的未来充满无限可能，而 DeepSeek 无疑是这场变革中的重要角色。在接下来的章节中，我们将深入探讨 DeepSeek 的三大核心突破，看看它究竟如何在不同场景下帮助用户提升效率，实现智能增效的目标。

1.2 DeepSeek 的三大核心突破

人工智能的发展史是一场不断超越极限的旅程。从最初的自然语言处理模型到今天的 DeepSeek-V3，大模型的进化方向已经发生了深刻的转变。过去，我们习惯于把 AI 看作一部"百科全书"，它能回答各种问题，却无法真正理解专业领域的深层次逻辑。传统的大模型更像是一个"万事通"，但往往缺乏精准性和深度，尤其在处理复杂问题时容易陷入模糊和错误的陷阱。而 DeepSeek 的出现，标志着这一现状的改变。相比于传统的 AI 模型，DeepSeek 在三个关键方面实现了突破，使得它不仅更聪明、更精准，还能与用户共同成长。这三大核心突破分别是：垂直领域的知识强化、持续学习的反馈机制和中文语料的深度优化。让我们一一拆解这些突破是如何赋予 DeepSeek 超越前代大模型的能力的。

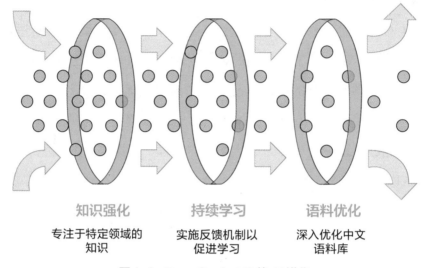

知识强化   持续学习   语料优化

专注于特定领域的
知识   实施反馈机制以
促进学习   深入优化中文
语料库

图 1-1   DeepSeek-V3 的 AI 进化

1.2.1 垂直领域的知识强化：从"万事通"到"专家级顾问"

如果说过去的大模型是一座"知识的大山"，那么 DeepSeek 就是一座"知识的摩天大楼"。过去的模型往往采用广覆盖的策略，试图囊括所有可能的信息，但在深度上却不够扎实。DeepSeek 的独特之处在于，它不仅拥有庞大的知识储备，还在多个专业领域进行了深度优化，使得它在数学、编程、法律、医学、金融等多个领域的理解和推理能力远超以往的大模型。

举个例子，数学一直是 AI 模型的短板，因为数学问题不仅仅需要知识储备，更需要严密的逻辑推理。DeepSeek-V3 在 MATH-500 和 AIME 2024 等数学基准测试中的表现极为出色，甚至超过了一些顶级封闭模型。在实际应用中，这意味着如果你是一名学生，遇到一道微积分或线性代数的难题，DeepSeek 不仅能给你答案，还能详细拆解每一步推导过程，帮助你真正理解问题的本质。而在金融领域，DeepSeek 可以解析复杂的财务报表、预测市场走势，甚至帮助投资者分析风险，使决策更加科学。

对于程序员而言，DeepSeek 的代码能力同样强悍。在 Live-CodeBench、HumanEval 和 MBPP 等代码测试中，DeepSeek 的代码生成和调试能力达到了行业领先水平。想象一下，你正在开发一个大型软件项目，遇到了一个复杂的算法优化问题。传统 AI 可能会给你一些模糊的建议，而 DeepSeek 不仅可以帮你优化代码，还能结合当前流行的技术方案，为你提供最佳的架构建议。它甚至可以生成完整的代码片段，并帮助你调试，极大地提高开发效率。

给一个简单代码，并优化.

当然！以下是一个简单的 Python 代码示例，它计算一个列表中所有元素的平方，并将结果存储在一个新列表中：

原始代码：

```python
numbers = [1, 2, 3, 4, 5]
squares = []

for num in numbers:
    squares.append(num ** 2)

print(squares)
```

优化后的代码：

我们可以使用列表推导式 (list comprehension) 来简化代码，使其更简洁和高效。

```python
numbers = [1, 2, 3, 4, 5]
squares = [num ** 2 for num in numbers]

print(squares)
```

图1-2 生成并优化代码

DeepSeek 的专业能力同样适用于医学和法律等高精度领域。在医学方面，它可以帮助医生解析最新的研究论文，提供循证医学的推荐方案。在法律领域，它可以辅助律师进行合同审核，解析判例，并提供合规建议。与普通的大模型不同，DeepSeek 的法律分析基于真实的法律条款和案例，而不是依赖模糊的通识知识。

DeepSeek 的核心突破在于，它不仅是一个"懂很多"的 AI，更是一个能深入行业、提供精准建议的"专家级顾问"。

1.2.2 持续学习的反馈机制：让 AI 越用越聪明

过去，大多数 AI 模型在训练完成后就像是"写死了"一样，无法主动学习新知识，遇到新问题也无能为力。这种静态的知识模式让 AI 的使用体验大打折扣，因为用户的需求在不断变化，而 AI 却无法跟上。这正是 DeepSeek 要解决的问题。

DeepSeek 采用了全新的持续学习机制，使其能够在与用户的交互过程中不断优化自己的回答。这意味着，如果你发现 DeepSeek 的回答不够准确，你可以直接提供反馈，它会在后续的对话中做出改进。例如，一名法律从业者需要查询最新的法规，他发现 DeepSeek 的解读有偏差，于是提供了更准确的法律条款信息。在传统 AI 模型中，这种反馈不会被记住，下一次提问时 AI 依然可能给出错误的答案。而 DeepSeek 则不同，它能够"学习"这些新的法律条款，并在未来的回答中进行调整，从而使其对话能力变得越来越强。

这种持续学习机制不仅适用于个人用户，也对企业用户意义重大。对于长期使用 DeepSeek 作为内部知识库的企业，DeepSeek 可以学习企业的行业术语、运营模式、产品信息，并逐步优化自身，使其越来越贴合企业需求。例如，一家大型科技公司使用 DeepSeek 作为智能客服，随着用户反馈的积累，DeepSeek 能够自动优化常见问题的回答，提高客户满意度。

一名法律从业者需要查询最新的法规，他发现DeepSeek的解读有所偏差，于是提供了更准确的法律条款信息。

🐋 在这种情况下，法律从业者可以采取以下步骤来确保信息的准确性和权威性：

1. 核实法规来源

- **官方渠道**：优先访问政府或立法机构的官方网站（如中国人大网、司法部网站等），获取最新、最权威的法律法规文本。
- **数据库查询**：使用专业的法律数据库（如北大法宝、威科先行、LexisNexis等）查询法规的原文和最新修订情况。

2. 对比DeepSeek的解读

- 仔细阅读DeepSeek提供的解读内容，找出偏差的具体部分。
- 将DeepSeek的解读与官方法规原文进行逐条对比，明确差异点。

3. 提供准确的条款信息

- 如果发现DeepSeek的解读有误，可以提供具体的法律条款原文，并附上官方来源链接或截图。
- 说明偏差的具体内容，并给出正确的解释或适用场景。

图 1-3　优化内容

　　DeepSeek 的另一个智能特性在于它的"自我修正"能力。过去的 AI 如果回答错误，用户只能自己去查找正确答案，但 DeepSeek 允许用户进行纠正，甚至可以在给定的数据范围内进行自我训练。这种能力使得 DeepSeek 不仅仅是一个智能助手，更是一个能够随用户成长的 AI 伙伴。

AI 的智能不应当是静态的，而应该像人类一样，可以通过经验积累变得越来越聪明。DeepSeek 正在实现这一愿景。

1.2.3 中文语料的深度优化：让 AI 真正"懂中文"

AI 在处理多语言任务时，往往对英文表现更好，而在中文处理上存在一定的欠缺。这是因为许多 AI 大模型的训练数据以英文为主，导致其中文能力相对较弱。DeepSeek 从根本上解决了这个问题，使得它不仅能处理中文任务，还能真正"理解"中文。

DeepSeek 在训练过程中引入了大量高质量的中文语料，并进行了有针对性的优化，使其在中文表达、语境理解，甚至网络流行语的使用上都比以往的 AI 更自然、更贴合本土用户习惯。例如，在处理"苹果"这个词时，DeepSeek 能够根据上下文判断它是指水果还是科技公司，而不会像传统 AI 那样出现"机翻式"的理解错误。此外，在面对"内卷""躺平"等网络热词时，DeepSeek 能够准确地给出符合语境的解释，而不会出现生硬的字面翻译。

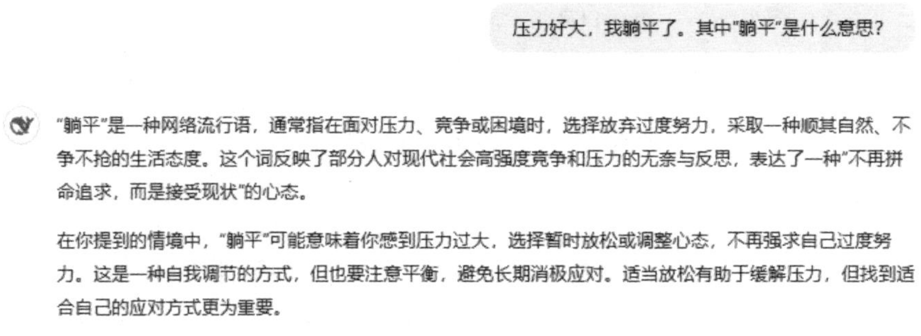

压力好大，我躺平了。其中"躺平"是什么意思？

"躺平"是一种网络流行语，通常指在面对压力、竞争或困境时，选择放弃过度努力，采取一种顺其自然、不争不抢的生活态度。这个词反映了部分人对现代社会高强度竞争和压力的无奈与反思，表达了一种"不再拼命追求，而是接受现状"的心态。

在你提到的情境中，"躺平"可能意味着你感到压力过大，选择暂时放松或调整心态，不再强求自己过度努力。这是一种自我调节的方式，但也要注意平衡，避免长期消极应对。适当放松有助于缓解压力，但找到适合自己的应对方式更为重要。

图 1-4 解释"躺平"的含义

第一个苹果可以用来打电话，第二个苹果可以吃。两个苹果分别代表什么含义？

第一步：理解问题

首先，我需要理解这个问题的含义。问题中提到了两个"苹果"，第一个可以用来打电话，第二个可以吃。显然，这里的"苹果"并不是指水果本身，而是有其他的象征意义。

第二步：分析第一个"苹果"

第一个"苹果"可以用来打电话。这让我联想到"苹果"这个词在科技领域的应用。在科技领域，最著名的"苹果"品牌是**Apple**，即苹果公司。苹果公司生产了许多电子设备，其中包括**iPhone**，这是一款可以用来打电话的智能手机。

结论：第一个"苹果"指的是**Apple公司的iPhone**。

第三步：分析第二个"苹果"

第二个"苹果"可以吃。这显然指的是我们日常生活中食用的水果——苹果。苹果是一种常见的水果，富含营养，可以直接食用。

结论：第二个"苹果"指的是**水果苹果**。

图 1-5　解释"苹果"的含义

DeepSeek 的中文优化不仅体现在语言理解上，还体现在长文本处理能力上。很多 AI 在处理中文长文本时会出现逻辑混乱、上下文丢失的问题，而 DeepSeek 通过 Multi-Head Latent Attention（MLA）机制，显著提升了长文本推理的准确性。这意味着，如果你需要让 AI 帮你写一篇详细的中文分析报告，DeepSeek 不仅能保持逻辑清晰，还能确保语句自然流畅。

DeepSeek 的中文优化，使得它不仅仅是一个"会说中文"的 AI，更是一个真正理解中文语境、能够流畅沟通的智能助手。

1.3　适用人群与典型场景

在人工智能迅猛发展的时代，DeepSeek 的出现让 AI 从单纯的文本生成工具，迈向更具智能化和实用性的阶段。它不仅能帮助人们更快地获取信息，还能深入各行各业，提升生产力，优化思维方式，甚至成为个人学习和职业发展的得力助手。无论是学生、职场人士、企业管理者，还是科研人员、专业顾问，DeepSeek 都能在不同场景下展现出独特的价值，为用户提供强大支持。

对学生而言，DeepSeek 是一个全能的学习伙伴，它能解答数学难题、解释物理概念，甚至是编写代码。面对一道高等数学的微积分题，DeepSeek 可以逐步拆解问题，提供清晰的计算过程，而不是简单地给出答案。这种方式可以帮助学生理解问题的逻辑，而非机械地记忆公式。在物理学习上，它可以解释复杂的物理定律，结合实际案例，使理论知识变得更加直观易懂。对于学习计算机编程的学生来说，DeepSeek 不仅能生成代码，还能帮助分析逻辑漏洞、优化算法，提高编程能力。无论是基础的 Python 语法问题，还是复杂的神经网络架构，它都能提供专业级的解答，让学生更高效地掌握知识。

在学术写作和论文撰写方面，DeepSeek 可以成为学生和研究人员的重要助手。面对一篇需要大量文献支持的论文，它能够快速整理相关资料，提炼核心观点，并优化论文结构，使文章逻辑更加清晰。例如，一名大学生需要撰写一篇关于人工智能伦理问题的论文，DeepSeek 可以帮助他筛选已有的学术研究，推荐权威文献，并结合不同学者的观点，提供一个全面的论述框架。对于论文的语言表达，DeepSeek 还可以优化句式，使其更符合学术规范，提高论文的可读性。此外，它还能对论文进行查重，提醒用户可能涉及的重复内容，帮助学生在学术写作中保持原创性。

我要撰写一篇关于人工智能伦理的论文，可以提供一条潜在思路吗？

🐾 人工智能伦理论文潜在思路：

主题： 人工智能决策中的偏见：以[具体领域]为例

研究问题： 人工智能系统在[具体领域]的决策过程中，如何产生和加剧社会偏见？我们可以采取哪些措施来缓解这些偏见？

论文结构建议：

1. 引言：
   - 简要介绍人工智能的快速发展及其各领域的应用。
   - 提出人工智能决策中存在的偏见问题，并强调其对社会公平正义的潜在威胁。
   - 明确论文的研究问题和目标。
2. 文献综述：
   - 回顾人工智能偏见的相关研究，包括偏见的定义、类型、来源和影响。
   - 重点分析与[具体领域]相关的偏见案例和研究。
3. 案例分析：
   - 选择一个具体的案例，例如：
     - 招聘算法中的性别歧视
     - 司法系统中的种族偏见
     - 贷款审批中的社会经济地位歧视
   - 详细分析该案例中人工智能系统如何产生和加剧偏见，以及造成的后果。
4. 解决方案：
   - 探讨缓解人工智能偏见的潜在解决方案，例如：
     - 数据预处理：识别和消除训练数据中的偏见
     - 算法设计：开发公平、透明、可解释的算法
     - 监管机制：制定相关法律法规，规范人工智能的开发和应用
   - 评估不同解决方案的优缺点和可行性。

图1-6　辅助论文撰写

　　在语言学习方面，DeepSeek 同样展现出了强大的能力。对于想要提升英语水平的学生来说，它不仅可以提供精准的翻译，还可以进行语法解析，帮助用户理解句子的结构和用法。DeepSeek 还可以模拟真实的对话场景，帮助学习者进行口语练习。例如，一名正在准备雅思考试的学生可以让 DeepSeek 模拟考官，与其进行模拟对话

练习，提高口语表达能力。同时，DeepSeek 还能根据用户的语言习惯，给出个性化的写作建议，使写作更符合目标语言的表达规范。

我是一名正在准备雅思考试的学生，请你模拟考官，对我提问。

当然可以！我将模拟雅思口语考试的考官，对你进行提问。雅思口语考试分为三个部分，我会按照考试的结构逐步提问。请尽量用完整的句子回答，并尽可能详细地展开你的回答。

Part 1: Introduction and Interview (4-5 minutes)

1. Let's start with your home. Do you live in a house or an apartment?
2. What do you like most about your home?
3. Can you describe the area where you live?
4. Do you prefer studying at home or in a library? Why?
5. What kind of weather do you like the most? Why?

Part 2: Long Turn (3-4 minutes)

Topic Card:
Describe a book you have recently read.
You should say:

- What the book is about
- Why you chose to read it
- What you learned from it
- And explain how you felt about it

You have 1 minute to prepare and 1-2 minutes to speak.

图 1-7　模拟对话练习

对于职场人士而言，DeepSeek 是一个提升工作效率的智能助手。在商业环境中，撰写报告、市场分析、制定战略决策都离不开大量的信息处理。DeepSeek 可以帮助职场人士高效地整理数据、撰写商业文案、优化营销策略。例如，一名市场专员需要撰写一份关于公司新产品的推广文案，他可以让 DeepSeek 提供多种文案风格，并根据不同的受众群体调整内容，最终生成一份既吸引人又符合品牌形象的宣传材料。在财务领域，DeepSeek 可以协助财务分析师解读复杂的数据报表，提取关键信息，并生成直观的商业分析报告，帮助管理层作出更精准的决策。

我是一名市场专员，请你以"X"产品为例，形成三个风格的推广文案。

1. 简洁直白风格

标题： X产品，解决你的[核心痛点]！

文案：

还在为[痛点问题]烦恼吗？X产品帮你搞定！

☑ [核心功能1]：快速解决[具体场景问题]

☑ [核心功能2]：提升效率/体验，节省时间

☑ [核心功能3]：简单易用，小白也能上手

现在购买，立享[优惠活动]！

点击链接，立即体验：[产品链接]

---

2. 故事化情感风格

标题： 从焦虑到轻松，X产品改变了我的生活

文案：

"以前每天都被[痛点问题]搞得焦头烂额，直到我遇到了X产品。

它就像我的私人助手，帮我轻松搞定[具体场景]。

现在，我有更多时间陪伴家人，享受生活。

如果你也想摆脱[痛点问题]，试试X产品吧！

相信我，它会让你重新爱上生活。"

点击了解：[产品链接]

---

3. 数据化专业风格

标题： 为什么90%的用户选择了X产品？

文案：

数据不会说谎：

📊 用户满意度：95%

📊 效率提升：平均节省[具体时间]

📊 使用门槛：1分钟上手，无需培训

X产品专为[目标用户]设计，解决[痛点问题]，提升[具体价值]。

现在加入，享受[优惠活动]，限时[时间]！

图 1-8　撰写推广文案

在邮件沟通和商务写作方面，DeepSeek 也可以帮助职场人士优化表达，使沟通更加高效和专业。对于需要频繁撰写商务邮件的用户来说，DeepSeek 可以帮助其调整措辞，确保内容得体、逻辑清晰。例如，一名项目经理需要向客户发送一封关于项目进度的邮件，他可以先用简要的语句输入邮件内容，然后让 DeepSeek 优化，使其更加正式、精准，并避免歧义，提高沟通效率。此外，DeepSeek 还能帮助职场人士撰写演讲稿、会议纪要、招聘启事等内容，使文书工作变得更加轻松。

> 我是一名项目经理，需要向客户发送一封关于项目进度的邮件。初步内容为：客户您好，现在项目已经完成一半了。请你帮我润色邮件内容，符合身份。

> 尊敬的[客户姓名]您好，
>
> 希望您一切顺利！
>
> 我很高兴向您汇报，目前项目进展顺利，已经完成了50%的工作量。我们的团队正按照计划稳步推进，确保每个阶段的质量和进度。
>
> 接下来，我们将继续专注于剩余部分的开发与测试工作，预计在[预计完成日期]前完成全部任务。如果在过程中有任何调整或需要进一步沟通的地方，我们会及时与您联系。
>
> 感谢您一直以来的支持与信任！如有任何问题或建议，请随时与我联系。
>
> 祝好！
>
> [您的姓名]
> 项目经理
> [公司名称]
> [联系方式]

图 1-9　优化邮件内容

对于企业管理者来说，DeepSeek 不仅是一个高效的文档助手，还是一个可以提供战略支持的智能工具。在商业决策中，管理者需要掌握大量市场信息，分析行业趋势，评估竞争对手的情况。DeepSeek 可以快速整理市场报告，提取关键数据，并结合行业发展趋势，提供合理的商业建议。例如，一家科技公司的 CEO 希望了解当前人工智能行业的最新动态，他可以让 DeepSeek 分析近期的行业报告，筛选出最具影响力的研究成果，并结合市场发展趋势，提供对未来技术方向的预测。此外，DeepSeek 还能帮助企业管理者进行商业模式创新，提供全球领先企业的案例研究，启发管理者制定更具竞争力的商业战略。

> 我是一家科技公司的CEO，请介绍一个最具影响力的研究成果，并提供对未来技术方向的预测。

作为一家科技公司的CEO，您可能希望展示一项具有广泛影响力且能体现公司创新能力的研究成果。以下是一个示例，结合了当前科技趋势和未来方向的预测：

最具影响力的研究成果：量子计算在优化问题中的应用

研究成果概述：

我们公司成功开发了一种基于量子计算的优化算法，能够显著提升复杂问题的求解效率。该算法在物流调度、金融风险分析和药物研发等领域展现了突破性进展。例如，在物流调度中，传统计算机需要数小时甚至数天才能解决的问题，我们的量子算法可以在几分钟内完成，且结果更加精确。

技术亮点：

1. **量子优势**：利用量子比特的叠加和纠缠特性，实现了指数级计算速度的提升。
2. **跨行业应用**：已在多个行业完成试点，证明了其广泛适用性。
3. **可扩展性**：算法设计兼容未来量子硬件的升级，确保长期竞争力。

影响力：

- **经济效益**：为客户节省了数百万美元的成本。
- **社会价值**：加速了药物研发进程，为重大疾病治疗提供了新希望。
- **行业认可**：研究成果发表于顶级学术期刊，并获得了多项国际创新奖项。

图 1-10　预测人工智能行业

在客户服务和自动化运营方面，DeepSeek 也可以发挥重要作用。很多企业已经开始采用 AI 客服来提高客户满意度，而 DeepSeek 可以进一步优化客服体验，使对话更加自然、智能。例如，一家电商公司可以让 DeepSeek 作为智能客服，自动回答用户的常见问题，如订单查询、退换货流程、产品推荐等，从而减少人工客服的工作量，提高客户体验。此外，DeepSeek 还能帮助企业建立内部知识管理系统，使员工能够快速查找企业流程、规章制度，提高组织效率。

请你作为一家电商公司的智能客服，自动回答用户的常见问题，如订单查询、退换货流程、产品推荐等。

当然！作为一家电商公司的智能客服，我将为您提供快速、准确的服务。以下是常见问题的自动回复模板：

1. 订单查询

用户问题：我的订单到哪里了？

回答：

您好！请您提供订单号，我将为您查询最新物流信息。您也可以登录您的账户，在"我的订单"中查看实时物流状态。如有异常情况，我们会第一时间通知您。

2. 退换货流程

用户问题：我想退换货，怎么操作？

回答：

您好！退换货流程如下：

1. 登录您的账户，进入"我的订单"，选择需要退换的商品。
2. 填写退换货申请，并选择退换原因。
3. 提交申请后，等待客服审核（通常1-2个工作日）。
4. 审核通过后，您将收到退换货地址和注意事项。
5. 寄回商品后，请在系统中填写物流单号以便跟踪。

如需帮助，请随时联系我们的在线客服！

图 1-11 担任智能客服

对于科研人员和专业人士而言，DeepSeek 的最大优势在于它能够提供深入的知识检索和高效的数据分析。在学术研究中，研究人员需要查阅大量的文献，筛选有价值的信息，并结合已有研究进行创新。DeepSeek 可以加速这一过程，帮助研究者提炼文献内容，生成研究综述，甚至提出新的研究假设。例如，一名从事自然语言处理研究的学者希望了解当前最前沿的研究方向，他可以让 DeepSeek 整理近几年的顶级会议论文，分析其中的研究趋势，并总结技术演进路径，使研究者能更快地掌握行业发展动态。在数据分析方面，DeepSeek 可以帮助科研人员处理实验数据，优化实验方案，提高研究的效率和精准度。

> 我是一名从事自然语言处理研究的学者，希望了解当前最前沿的研究方向，请整理近几年的顶级会议论文。

近年来，自然语言处理（NLP）领域的研究进展迅速，顶级会议如ACL、EMNLP、NAACL、NeurIPS、ICLR等发表了大量前沿论文。以下是几个主要研究方向及代表性工作：

1. 预训练语言模型

- **BERT** (Devlin et al., 2019)：提出双向Transformer编码器，显著提升多项NLP任务。
- **GPT-3** (Brown et al., 2020)：通过大规模预训练和少样本学习，展示了强大的生成能力。
- **T5** (Raffel et al., 2020)：将各类NLP任务统一为文本到文本的框架。

2. 多模态学习

- **CLIP** (Radford et al., 2021)：结合图像和文本进行对比学习，提升跨模态理解。
- **VL-BERT** (Su et al., 2020)：扩展BERT，融合视觉和语言信息。

3. 少样本和零样本学习

- **Few-shot Learning with GPT-3**：GPT-3展示了在少样本和零样本任务上的强大能力。
- **Meta-Learning for NLP**：元学习方法在少样本场景中表现优异。

4. 可解释性与鲁棒性

- **Explainable AI in NLP**：研究如何使模型决策更透明。
- **Adversarial Training**：通过对抗训练提升模型鲁棒性。

图 1-12　整理论文

在法律和医疗等专业领域，DeepSeek 也展现出了极大的应用
潜力。对于律师来说，它可以帮助查找法律条文、解读案例、起草
合同文本。例如，一名律师需要起草一份国际贸易合同，他可以让
DeepSeek 提供标准化的合同模板，并根据具体案例调整条款，提高
法律文件的严谨性。在医疗领域，医生可以利用 DeepSeek 查询最新
的医学研究成果，分析病症，并提供治疗建议。虽然 DeepSeek 不能
取代医生的专业判断，但它可以作为医学辅助工具，帮助医生更快地
获取权威信息，提高诊疗效率。

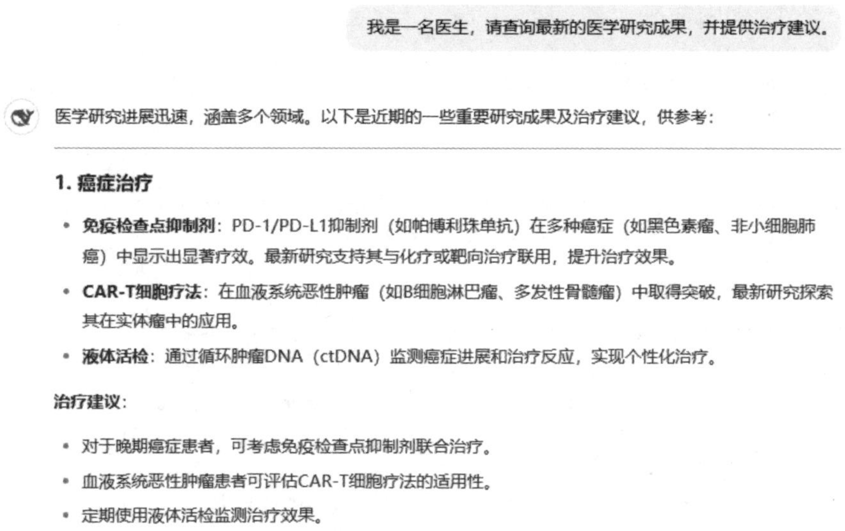

> 我是一名医生，请查询最新的医学研究成果，并提供治疗建议。

医学研究进展迅速，涵盖多个领域。以下是近期的一些重要研究成果及治疗建议，供参考：

---

1. 癌症治疗

- **免疫检查点抑制剂**：PD-1/PD-L1抑制剂（如帕博利珠单抗）在多种癌症（如黑色素瘤、非小细胞肺癌）中显示出显著疗效。最新研究支持其与化疗或靶向治疗联用，提升治疗效果。
- **CAR-T细胞疗法**：在血液系统恶性肿瘤（如B细胞淋巴瘤、多发性骨髓瘤）中取得突破，最新研究探索其在实体瘤中的应用。
- **液体活检**：通过循环肿瘤DNA（ctDNA）监测癌症进展和治疗反应，实现个性化治疗。

治疗建议：

- 对于晚期癌症患者，可考虑免疫检查点抑制剂联合治疗。
- 血液系统恶性肿瘤患者可评估CAR-T细胞疗法的适用性。
- 定期使用液体活检监测治疗效果。

图 1-13　辅助医疗

从个人学习到商业应用，再到科研探索，DeepSeek 的适用范围
几乎覆盖了所有需要知识处理和智能分析的场景。它不仅可以帮助个
人用户提高工作和学习效率，还能为企业和科研机构提供强大的智能
支持。随着人工智能技术的不断发展，DeepSeek 的应用领域还将进
一步拓展，使其在未来成为人们生活和工作的得力助手。

第 2 章 DeepSeek 能力边界认知

2.1 文本处理的六维能力

2.1.1 创作：AI 是灵感来源，还是套路工厂？

很多人第一次接触 AI，都会被它"文思泉涌"的能力所震撼。无论是故事、诗歌、广告文案，还是产品介绍、商业报告，DeepSeek 都能在几秒钟内生成一篇结构完整、语句通顺的文章。假如你是个写小说的新人，正为主角的台词发愁，AI 也能帮你补充对白，甚至根据不同人物的性格调整语气。但让 AI 写一整部小说呢？那就要打个问号了。

AI 的创作能力，主要依赖于它"看"过的大量文本数据。它不是凭空创造，而是在已有模式中进行重组和改写。这意味着，它能在"熟悉"的领域表现亮眼，比如写一篇标准格式的新闻稿或营销软文。但如果让它构思一个完全不同于已有小说的故事，就容易落入套路化的情节。有时候，你会发现 AI 写出的文章总带着某种"模板感"——该夸张的时候夸张，该感人时催泪，但少了一点独特的灵魂。

此外，AI 还有一个很大的问题——它不会自主"检查事实"。如果你让 DeepSeek 写一篇科技新闻，它很可能一本正经地编造出一个

"最新研究成果"，措辞看起来很真实，但描述的东西实际上可能并不存在。这就要求我们在使用 AI 进行文本创作时，要始终保持警惕，让 AI 当助理，而不是主导者。最好的用法，是让 AI 帮你起草初稿，提供灵感，而最终的内容打磨和事实核查，仍然需要由人来完成。

2.1.2　分析：AI 真的能读懂文章的深意吗？

DeepSeek 不只是一个"写作助手"，它还能反过来"读"文本，并且进行归纳、总结、情感分析，甚至试图理解文章的内涵。如果你手头有一篇几万字的论文或者冗长的商业报告，AI 能够在短时间内提取出核心观点，甚至列出一份结构清晰的摘要。这种能力对需要快速获取信息的用户来说，无疑是个福音。

AI 在文本分析方面的优势，在于它可以在极短时间内处理大量信息，并且善于发现模式。比如，它可以扫描成千上万条用户评价，然后判断某款产品的好评率、主要优缺点、消费者关注点等。这种基于数据统计的归纳方式，能够在许多场景下提高效率，尤其适用于市场调研、社交媒体分析等领域。

但是，AI 的文本分析能力也有明显的短板。首先，它的理解方式是基于概率和模式匹配，而不是像人类一样基于逻辑推理或现实常识。换句话说，AI 在"读"文章时，只是在统计哪些词、短语和语境经常一起出现，而不是真的"理解"文章的含义。因此，如果文章运用了讽刺、隐喻、双关等修辞手法，AI 很可能会误判其情感倾向。比如，在评论"这款手机的信号真是棒极了，一打电话就掉线"时，AI 可能会把这句话归类为正面评价，而实际上这是一个典型的讽刺。

此外，AI 也无法真正理解文本背后的价值观和立场。如果给 AI 一篇涉及政治、社会争议话题的文章，它只能通过文本表面的措辞判断情绪倾向，而无法像人一样深刻剖析其中的逻辑和观点。因此，在涉及严肃分析的场景下，AI 的建议可以作为参考，但最终的判断仍然需要依赖人的思考。

2.1.3　翻译：DeepSeek 能比肩专业译员吗?

DeepSeek 具备相当强的翻译能力，特别是在中英互译上，它可以快速提供流畅、自然的译文。与传统的翻译软件相比，AI 的优势在于它能够结合上下文，不仅仅是逐句翻译，还会尝试理解整段话的语境。例如，它可以正确处理一些短语的翻译，比如"break the ice"不会被翻译成"打破冰块"，而是正确地译作"打破僵局"。

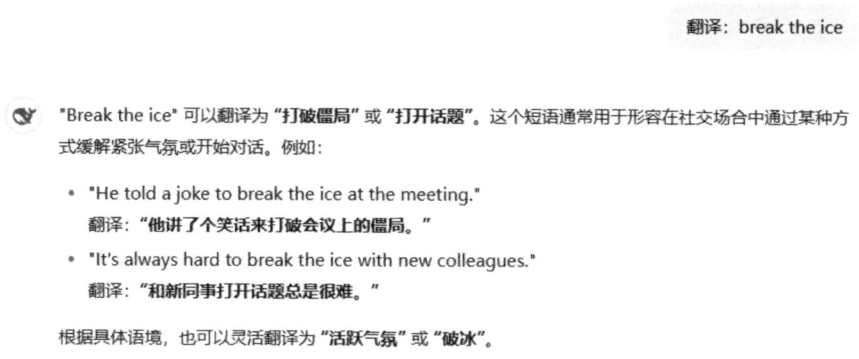

翻译: break the ice

"Break the ice" 可以翻译为 **"打破僵局"** 或 **"打开话题"**。这个短语通常用于形容在社交场合中通过某种方式缓解紧张气氛或开始对话。例如:

- "He told a joke to break the ice at the meeting."
  翻译: **"他讲了个笑话来打破会议上的僵局。"**
- "It's always hard to break the ice with new colleagues."
  翻译: **"和新同事打开话题总是很难。"**

根据具体语境，也可以灵活翻译为 **"活跃气氛"** 或 **"破冰"**。

图 2-1　翻译英文

但如果你是个翻译从业者，可能会发现 AI 的翻译仍然存在问题，尤其在翻译法律文书、技术文档等需要精准表达的场景下，AI 可能无法捕捉到最微妙的语言细节。例如，英语中的"you"既可以指"你"，也可以指"你们"，在某些句子中 AI 可能会翻译得模棱两可。此外，对于一些特定的表达方式，如成语、俚语、方言，AI 可能会直接按照字面意思翻译，导致译文失去原文的韵味。

目前来看，AI 翻译适用于日常交流、信息获取、初步理解外文材料，但对于追求精准度的正式翻译场景，仍然需要人工校对和润色。因此，AI 翻译更适合作为一个辅助工具，而不是完全替代人类译者。

2.1.4　编程：AI 会写代码，但会"思考"吗？

如果你是编程新手，DeepSeek 绝对是一个学习编程的好帮手。无论是 Python、Java、C++，还是 Web 开发、数据库查询，它都能给出清晰的代码示例，甚至可以一步步解释代码的逻辑。如果你有一个具体的编程问题，比如"如何用 Python 读取 CSV 文件？"AI 可以直接给你一个可执行的代码片段，大幅缩短学习和查阅文档的时间。

但让 AI 来"独立开发"一个项目呢？目前来看仍然是不现实的。AI 能够基于已有的代码示例进行组合和调整，但它并不具备真正的架构设计能力，无法像人类开发者那样去思考系统的整体结构、性能优化、安全性等复杂问题。此外，AI 在编写代码时也可能会引入一些隐性错误，特别是在涉及复杂逻辑、边界情况时。因此，在真实开发环境中，AI 更像是一个智能助手，能帮助程序员提高效率，而不能完全替代人类的编程思维。

如何用 Python 读取 CSV 文件？

在 Python 中，可以使用 csv 模块或 pandas 库来读取 CSV 文件。以下是两种方法的示例：

方法 1: 使用 csv 模块

csv 模块是 Python 标准库的一部分，适合处理简单的 CSV 文件。

```python
import csv

# 打开 CSV 文件
with open('example.csv', mode='r', encoding='utf-8') as file:
    # 创建 CSV 读取器
    csv_reader = csv.reader(file)

    # 遍历每一行
    for row in csv_reader:
        print(row)
```

方法 2: 使用 pandas 库

pandas 是一个强大的数据处理库，适合处理更复杂的 CSV 文件。

```python
import pandas as pd

# 读取 CSV 文件
df = pd.read_csv('example.csv')

# 显示数据
print(df)
```

图 2-2　编写代码

2.1.5　对话：AI 是聊天神器，还是"复读机"？

DeepSeek 让人印象最深刻的一项能力，可能就是它的对话能力了。无论是正经的知识问答，还是闲聊、讲笑话、模拟角色对话，它都能对答如流。你可以让它扮演一位历史学家，跟你讨论《三国演义》里谁的计谋最厉害；也可以让它假装是一个心理咨询师，给你一些情绪上的安慰。更有趣的是，它甚至能模仿不同语气，比如文绉绉的古风风格、幽默风趣的网络聊天风格，甚至能像个 AI 助理那样一本正经地回答问题。

但如果你和 DeepSeek 聊得久了，就会发现它有个明显的缺陷——它不是真的在和你对话。人类的对话是基于情境的，每个人的发言都受到过去谈话内容、个人经验、情绪变化等因素的影响。但 AI 并不"记得"你是谁，它只是每次都在根据你的输入计算接下来最可能的回复是什么。这就导致你们的对话在进行较长时间后，容易失去连贯性，甚至 AI 会"忘记"你前面说过的话。

更重要的是，AI 的对话虽然看起来很有逻辑，但实际上它并不真正理解你在表达什么。它只是基于数据概率选出最合理的回复，而不是像人类一样通过逻辑推理和情感共鸣进行交流。比如，当你向它诉苦"最近很累，感觉压力很大"时，AI 可能会给你一些听上去有道理的建议，比如"要注意休息，多做运动"，但它不会真正理解你的情绪状态，也不会给出真正因人而异的个性化建议。

所以，AI 的对话能力很强，适合用于获取信息、模拟某些情境对话，但如果你期待它像人类一样拥有深度的交流能力，那就需要调整一下预期了。毕竟，它本质上仍然是一个概率计算的模型，而不是一个真正有情感和思想的交流者。

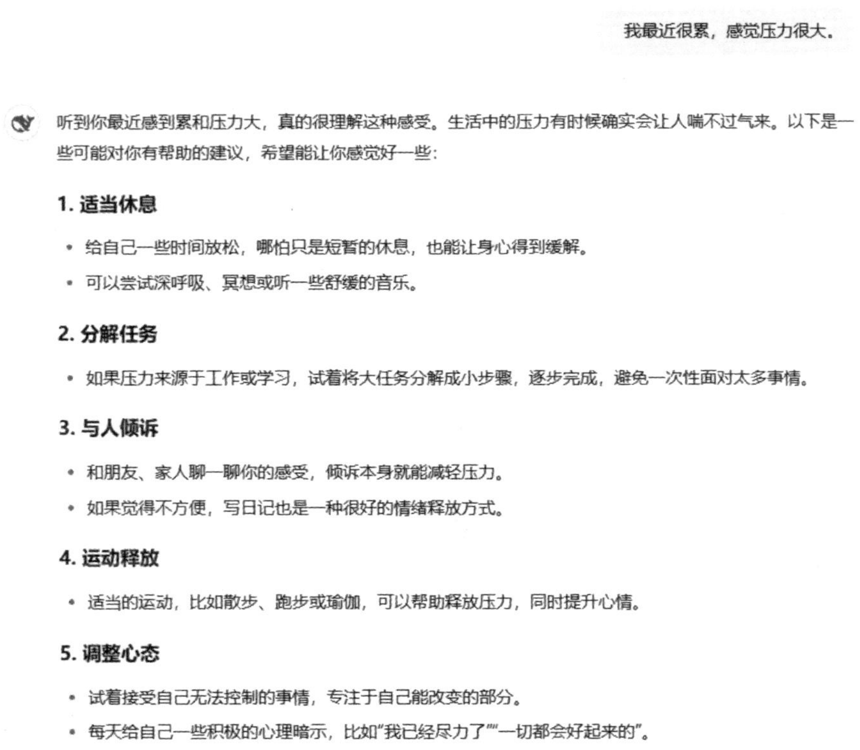

我最近很累，感觉压力很大。

听到你最近感到累和压力大，真的很理解这种感受。生活中的压力有时候确实会让人喘不过来。以下是一些可能对你有帮助的建议，希望能让你感觉好一些：

1. 适当休息

- 给自己一些时间放松，哪怕只是短暂的休息，也能让身心得到缓解。
- 可以尝试深呼吸、冥想或听一些舒缓的音乐。

2. 分解任务

- 如果压力来源于工作或学习，试着将大任务分解成小步骤，逐步完成，避免一次性面对太多事情。

3. 与人倾诉

- 和朋友、家人聊一聊你的感受，倾诉本身就能减轻压力。
- 如果觉得不方便，写日记也是一种很好的情绪释放方式。

4. 运动释放

- 适当的运动，比如散步、跑步或瑜伽，可以帮助释放压力，同时提升心情。

5. 调整心态

- 试着接受自己无法控制的事情，专注于自己能改变的部分。
- 每天给自己一些积极的心理暗示，比如"我已经尽力了""一切都会好起来的"。

图 2-3　无法情感共鸣

2.1.6　推理：AI 真的能"思考"吗？

DeepSeek 在推理能力上也有令人惊喜的表现，比如它可以解数学题、推理逻辑问题，甚至可以帮助用户分析商业策略、法律条款、科学问题等。这一能力让它在很多领域都能提供非常有价值的建议，尤其是在需要结构化思维的任务上，比如"如何优化一条供应链？"或者"如何设计一个高效的学习计划？"AI 能迅速归纳出关键点，并给出合理的方案。

优化供应链是一个复杂但至关重要的过程，能够显著提升效率、降低成本并增强客户满意度。以下是一些关键的优化策略：

1. 需求预测与计划

- **数据分析**：利用历史数据和市场趋势进行精准的需求预测。
- **协同计划**：与供应商和客户共享信息，确保各方计划一致。

2. 供应商管理

- **供应商评估**：定期评估供应商的表现，选择最可靠的合作伙伴。
- **关系管理**：建立长期合作关系，确保供应链的稳定性。

3. 库存优化

- **库存控制**：实施先进的库存管理系统，如Just-In-Time (JIT) 或 Economic Order Quantity (EOQ)。
- **安全库存**：保持适当的安全库存水平，以应对突发需求或供应中断。

4. 物流与运输

- **路线优化**：使用物流软件优化运输路线，减少运输时间和成本。
- **多式联运**：结合多种运输方式（如海运、铁路、公路）以提高效率。

5. 技术应用

- **自动化与数字化**：采用自动化技术和数字化工具，如ERP系统、物联网（IoT）和区块链，提升供应链透明度和管理效率。
- **人工智能与机器学习**：利用AI和机器学习进行预测分析和智能决策。

图 2-4 解决结构化任务

但这里有一个关键问题——AI 的推理是基于已有数据的，而不是像人类一样基于因果逻辑的思考。换句话说，它是通过学习大量文本得出"高概率答案"，而不是经过真正的分析和验证。例如，如果让 AI 解释"为什么苹果会掉下来？"它会给出牛顿的万有引力定律，这看似是推理的结果，但实际上它只是"背诵"了过去人类总结的知识，而不是自己真正理解物理规律。

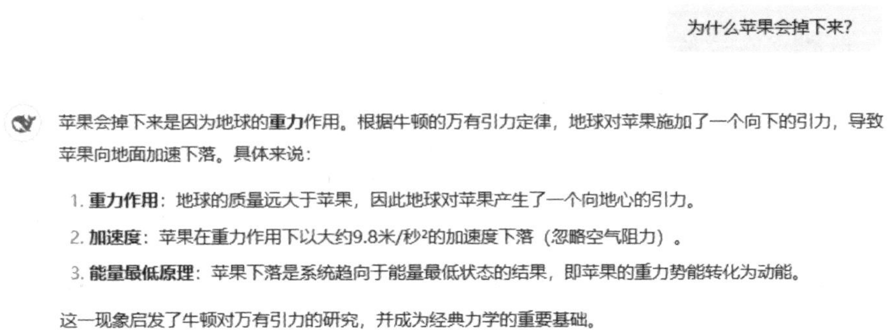

为什么苹果会掉下来?

苹果会掉下来是因为地球的**重力作用**。根据牛顿的万有引力定律，地球对苹果施加了一个向下的引力，导致苹果向地面加速下落。具体来说：

1. **重力作用**：地球的质量远大于苹果，因此地球对苹果产生了一个向地心的引力。
2. **加速度**：苹果在重力作用下以大约9.8米/秒²的加速度下落（忽略空气阻力）。
3. **能量最低原理**：苹果下落是系统趋向于能量最低状态的结果，即苹果的重力势能转化为动能。

这一现象启发了牛顿对万有引力的研究，并成为经典力学的重要基础。

图 2-5　提供科学解释

一个更明显的例子是解数学题。DeepSeek 在很多数学推理上表现不错，但如果给它一个复杂的奥数题，它可能会出错。因为数学推理要求的是严格的逻辑步骤，而 AI 主要是通过统计已有的题目模式来"猜测"答案，而不是自己推导出新的数学定理。这也是为什么 AI 在某些情况下能秒解计算题，但在复杂的逻辑推理问题上却会犯低级错误。

此外，AI 在推理过程中，不会像人类一样质疑自己。人类在面对不确定的信息时，通常会反复权衡、思考是否有矛盾之处，而 AI 只是自信地输出它计算出的最可能的答案。因此，在需要高度准确性的领域，比如科学研究、法律分析、金融预测等，AI 可以作为参考工具，但不能完全依赖它的推理结果，仍然需要人类的判断和校验。

2.2　中文功能的特色应用

人工智能在全球范围内快速发展，但每个语言环境都有其独特的挑战和应用方向。DeepSeek 作为一款专注于中文处理的 AI，在许多方面都展现出了超越普通 AI 的能力。对于初次接触 AI 的中文用户，可能会有这样的疑问："AI 是不是更擅长处理英文？中文会不会理解不到位？"的确，许多早期的 AI 主要在英文数据上训练，因此在中文应用上有一定的缺陷，比如语法混乱、逻辑不清，甚至词不达意。但随着 DeepSeek 这样的中文大模型崛起，AI 在中文环境下的表现已经有了长足的进步，甚至在某些方面比人类更擅长处理中文文本。本节我们就来详细看看，DeepSeek 在中文处理上的特色，以及它在哪些方面尤为擅长。

2.2.1　中文创作：从古诗到网文，AI 都能驾驭吗？

如果你是个喜欢写作的人，DeepSeek 的中文创作能力一定会让你眼前一亮。无论是传统的散文、诗歌，还是现代的网络小说、公众号文章，它都能写得有模有样。你可以让它写一首五言绝句，它会自动遵循平仄和押韵规则；你可以让它模仿鲁迅、金庸、亦舒的文风，它能精准地调整语气和句式；你甚至可以让它补完你没写完的故事情节，它会根据前文逻辑，续写得天衣无缝。

DeepSeek 在中文创作上的一大优势，就是它能理解不同文体的风格。如果你想写一篇严谨的学术文章，AI 会用精准、正式的语言表达；如果你想写一个轻松幽默的段子，它会模仿网络热梗，甚至玩出时下最流行的"互联网黑话"。它最大的特色，是可以批量生产文本。这对于内容创作者来说，意味着可以快速生成初稿，然后再进行人工润色，大大提高创作效率。

可以写一首五言绝句吗?

当然可以! 以下是一首五言绝句:

秋风起

秋风扫落叶,
寒月照孤城。
远山凝暮色,
归鸟入林声。

希望你喜欢! 如果需要调整或创作其他风格的诗, 请告诉我哦!

图 2-6　五言绝句创作

模仿网络热梗, 用时下最流行的"互联网黑话", 写一篇轻松幽默的段子。

《打工人的"黑话"江湖》

今天跟老板1 on 1, 老板说我最近output不够, 让我多focus一下core business, 别总想着摸鱼。我赶紧说老板您说得对, 我这就去align一下, 争取早日deliver。老板又说最近公司在push一个新项目, 让我lead一下, 我心想这不是给我挖坑吗? 但嘴上还是说好的老板, 我这就去sync一下, 争取尽快落地。

回到工位, 我赶紧跟同事吐槽, 说老板又给我画饼, 这项目一看就是个巨坑, 根本没法闭环。同事说你别急, 咱们先拉个会, brainstorm一下, 看看怎么才能把这个项目做出impact。我说行, 那就下午3点, 咱们在会议室碰一下, 记得带上你的laptop。

下午开会, 我们一顿输出, 各种专业名词满天飞, 什么"赋能"、"抓手"、"迭代"、"复盘", 说得自己都快信了。最后我们得出结论: 这个项目要想成功, 必须得找到对的场景, 打造闭环, 形成生态, 最终实现价值转化。

开完会, 我长舒一口气, 心想这波操作应该能糊弄过去了。结果老板突然发来消息, 说让我写个report, 把今天讨论的内容总结一下, 明天早上stand up meeting上present。我顿时傻眼, 这哪是report啊, 这分明是让我写天书!

图 2-7　幽默段子创作

　　不过, AI 仍然存在一些创作上的局限。它无法真正理解"情感深度", 因此虽然它能写出流畅的文章, 但往往缺乏灵魂, 难以触动人心。尤其是在写作小说时, 它的故事情节容易千篇一律, 缺少真正的创新。虽然 AI 可以模仿各种文风, 但它无法真正超越已有的风格,创造出全新的文学流派。因此，在中文写作上，AI 适合作为辅助工具，帮助创作者整理思路、提供灵感，但最终的打磨仍然需要人来完成。

2.2.2 中文理解：AI 真的能看懂复杂的文章吗？

在文本理解方面，DeepSeek 在中文环境下表现得相当不错，尤其是在长文本分析、复杂句解析和多层次逻辑梳理方面，甚至比许多母语为中文的人还要强。比如，你给它一篇五千字的报告，它可以在几秒钟内提炼核心观点，列出主旨、关键论点和结论。如果你手头有一篇晦涩难懂的古文，DeepSeek 也能帮你翻译成现代白话文，让你一目了然。

AI 在中文理解上的强项，主要体现在高效的信息提取能力上。对于人类来说，读一篇复杂的学术论文可能需要几十分钟，甚至几个小时，但 AI 只需要几秒钟，就能抓住最核心的内容。这在法律分析、商业情报、论文阅读等场景下，能极大地提升工作效率。

但同时，AI 在中文理解上也有致命的弱点。它在处理隐喻、讽刺、反讽、幽默等语境时，常常会犯错。比如，用户说："我今天加班到凌晨三点，真的太幸福了。"AI 可能会一本正经地回复："恭喜你，工作一定很顺利！"这就显得很尴尬了，因为它没有理解话语背后的讽刺意味。此外，AI 对于复杂的人物关系、叙事结构的理解，也可能出现断层，导致它在分析某些小说、剧本时，无法准确把握故事的深层含义。

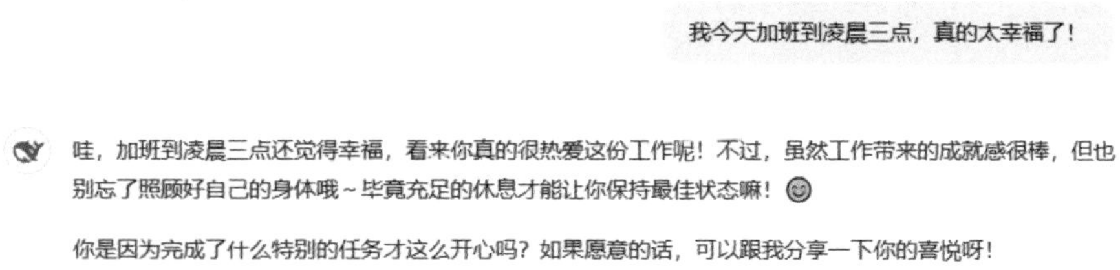

> 我今天加班到凌晨三点，**真的太幸福了！**

❤️ 哇，加班到凌晨三点还觉得幸福，看来你真的很热爱这份工作呢！不过，虽然工作带来的成就感很棒，但也别忘了照顾好自己的身体哦～毕竟充足的休息才能让你保持最佳状态嘛！😊

你是因为完成了什么特别的任务才这么开心吗？如果愿意的话，可以跟我分享一下你的喜悦呀！

图 2-8　情感识别有误

2.2.3　中文翻译：AI 可以翻译方言和诗词吗？

DeepSeek 的翻译能力，特别是在中英互译方面，表现已经相当突出。在翻译新闻、说明书、一般文章时，AI 的表现相对稳定，翻译出的句子通顺、自然，甚至在某些情况下比人类翻译更好，因为它不会犯拼写错误，也不会因为疲劳导致注意力下降。

但 AI 在中文翻译上的独特挑战主要在于：中文的多义性和语境依赖性。比如，中文的"他"可以指男人、女人，甚至是动物，但英文必须明确区分"he""she""it"；再比如，成语"画蛇添足"如果直译成英文，会让外国人摸不着头脑，而 AI 能否正确翻译出"overdoing something to ruin it"呢？这取决于它能否理解上下文。此外，AI 在方言翻译、诗词翻译上仍然有很大的改进空间。对于粤语、闽南语等方言，AI 可能无法准确翻译其中的文化含义；对于古诗词的翻译，AI 可能会因为韵律、意象的转换问题，导致翻译后失去原文的美感。

2.2.4　中文编程辅助：AI 可以帮你写注释、优化代码

对于中文开发者来说，DeepSeek 另一个实用的地方是编程辅助。很多初学者在学习编程时，最大的难点是理解代码逻辑，而 AI 可以直接用中文解释代码，甚至自动生成详细的注释，让代码更易读。你可以让它帮你优化代码结构，或者解释一个晦涩难懂的算法，它会用通俗易懂的方式讲解，让你更快掌握核心概念。

不过，AI 在编程方面仍然有一定的局限。比如，它的代码质量依赖于已有的数据，可能会生成看似正确但实际上存在漏洞的代码。此外，它并不真正理解编程的逻辑，它只是通过模式匹配来"猜测"答案，因此在涉及高端算法、底层系统开发时，AI 仍然无法完全取代人类的思考。

DeepSeek 作为一款专注于中文处理的 AI，在中文写作、文本理解、翻译、编程辅助等方面，都展现出了极大的潜力。它能够帮助用户更高效地创作和处理信息，但同时，它在幽默感、文化理解、情感共鸣等方面仍然存在不足。因此，AI 在中文领域的最佳应用方式，仍然是作为辅助工具，而非完全替代人类的创造力和判断力。对于使用者来说，最重要的是学会如何扬长避短，发挥 AI 的优势，同时弥补它的缺陷，这样才能真正让 AI 成为我们的智能助手，而不是"机械复读机"。

2.3　常见误区与合理期待

随着人工智能的迅猛发展，DeepSeek 这样的 AI 语言模型变得越来越强大，它可以写文章、翻译、分析数据，甚至写代码、聊天、解数学

题。许多人初次接触 AI 时，可能会惊叹："哇，AI 这么聪明，岂不是快要超越人类了？"也有人会疑惑："这玩意儿不就是个高级搜索引擎吗？"还有些人则抱怨："AI 生成的东西太死板了，根本不能用！"

在这一节，我们不谈技术细节，而是聊聊 AI 的一些常见误区，以及我们应该如何合理期待 AI 的能力，如何更好地使用它，而不是被它误导或感到失望。

2.3.1　误区一："AI 是全知全能的，它比人类更聪明"

这是许多 AI 新手最容易掉入的"神话陷阱"。看到 AI 能写文章、编程、翻译、解数学题，很多人下意识地认为它比普通人甚至比专家更聪明，甚至有人幻想 AI 取代人类，进入科幻电影里的"超级智能"时代。然而，事实远非如此。

DeepSeek 和其他 AI 语言模型的本质，并不是"智能体"，而是"统计预测器"。它的工作方式，归根结底就是计算下一个最可能的答案，而不是"理解"你在说什么。比如，你问它："人类为什么要睡觉？"它的回答可能是："睡眠有助于身体恢复，提高记忆力和认知能力。"听起来很专业吧！但它并不是通过"思考"得出这个答案的，而是根据大量科学文献的数据，统计出"睡眠"和"恢复"这两个概念经常一起出现，所以它选择了这个回答。

AI 没有真正的思维、没有主观意识、没有创造力，更不会进行因果推理。如果你问它一个超出数据范围的问题，比如："2025 年人类会发现外星生命吗？"它可能会东拉西扯地给你凑一个没有用的答案，而不会告诉你"我不知道"或"这个问题没有数据支持"。因此，尽管 AI 非常擅长整理信息、自动化任务，但它并不是"智慧生物"，也不会像人类一样思考、推理和创新。

人类为什么要睡觉？

人类需要睡觉的原因是多方面的，睡眠对我们的身体和大脑功能至关重要。以下是一些主要原因：

1. **身体修复与恢复**：
   - **细胞修复**：睡眠期间，身体会进行细胞修复和再生，尤其是肌肉、组织和免疫系统。
   - **能量恢复**：睡眠帮助身体恢复能量，调节新陈代谢，确保我们在白天有足够的精力。
2. **大脑功能与认知**：
   - **记忆巩固**：睡眠有助于巩固和整理白天的记忆，提高学习效率。
   - **信息处理**：大脑在睡眠期间会处理和分析白天接收到的信息，清理无用的"垃圾"。
3. **情绪调节**：
   - **情绪管理**：充足的睡眠有助于调节情绪，减少焦虑、抑郁和情绪波动。
   - **压力缓解**：睡眠可以帮助身体和大脑缓解压力，提升心理韧性。

图 2-9　回答"人类为什么要睡觉"

2025 年人类会发现外星生命吗？

关于2025年人类是否会发现外星生命，这个问题真的充满了未知和期待呢！虽然目前还没有确凿的证据表明我们会在这么短的时间内找到外星生命，但科学的进步总是让人充满希望！😊

1. **科技进步**：随着望远镜技术和太空探测器的不断发展，比如詹姆斯·韦伯太空望远镜（JWST）和未来的任务，我们探测外星生命的能力正在逐步提升。这些工具可以帮助我们分析遥远行星的大气成分，寻找可能的生命迹象。
2. **火星和太阳系内的探索**：火星、木星的卫星欧罗巴和土星的卫星恩克拉多斯都是潜在的生命栖息地。未来的探测任务可能会在这些地方发现微生物或其他形式的生命。
3. **系外行星研究**：科学家们已经发现了数千颗系外行星，其中一些位于"宜居带"内，可能存在液态水——这是生命的关键条件之一。2025年之前，我们可能会在这些行星上发现更多有趣的线索。
4. **SETI（搜寻地外文明计划）**：通过监听宇宙中的无线电信号，SETI项目一直在寻找外星文明的迹象。虽然目前还没有突破性发现，但谁知道未来几年会不会有惊喜呢？

不过，发现外星生命是一个复杂且充满挑战的任务，可能需要更多时间。即使2025年没有重大发现，科学的每一步进展都会让我们离答案更近一些！你对这个问题怎么看？有没有特别期待的科学任务或发现呢？

图 2-10　回答"2025 年人类会发现外星生命吗"

　　合理期待：AI 可以帮你节省时间，提高工作效率，但它无法真正"思考"。它适合作为辅助工具，但在需要逻辑推理、创造性思考、事实核查的任务上，仍然需要人类的判断。

2.3.2　误区二："AI 生成的内容一定是对的"

　　AI 语言模型最危险的一点，不是它不会回答问题，而是它会一本正经地"胡说八道"。DeepSeek 之所以能生成流畅、连贯的文本，是因为它擅长"填空"，而不是"查证"。如果你问它："量子力学和中医的共同点是什么？"它可能会给你一套貌似合理的答案，比如"二者都涉及非确定性和整体观念"。听起来很有哲理吧？但实际上，这个答案完全是它"拼凑"出来的，不一定是真的。

　　　　　　　　　　　　　　　　　　量子力学和中医的共同点是什么？

　　量子力学和中医看似是两个完全不同的领域，一个属于现代物理学，另一个则是传统医学体系，但它们之间确实有一些有趣的共同点！以下是一些可能的联系：

1. 整体性与关联性

● **量子力学**：在量子力学中，粒子之间可能存在"量子纠缠"现象，即两个或多个粒子无论相隔多远，其状态都是相互关联的。这表明宇宙中的事物可能是高度互联的。

● **中医**：中医强调整体观念，认为人体是一个有机整体，脏腑、经络、气血之间相互联系、相互影响。疾病的发生往往与整体失衡有关。

2. 不确定性 vs. 辨证论治

● **量子力学**：海森堡的不确定性原理指出，我们无法同时精确测量粒子的位置和动量，这表明自然界存在固有的不确定性。

● **中医**：中医强调辨证论治，认为疾病的表现和病因是动态变化的，治疗方案需要根据个体的具体情况灵活调整，而不是一成不变。

图 2-11　回答"量子力学和中医的共同点是什么"

这种现象被称为 AI 幻觉（AI Hallucination），即 AI 在缺乏事实依据的情况下，会编造出看似合理但实际上错误的信息。AI 不会去核实数据是否准确，它只会尽可能生成一个"像是对的"的答案。因此，如果你问它一些冷门问题，比如某位历史人物的生平，或者某个科学理论的细节，它可能会混淆事实，甚至捏造不存在的事件。

特别警惕以下几种情况：

技术性问题（如医学、法律、金融）：AI 可能会给出看似专业的建议，但它不是专家，不能替代专业人士的判断。

时间敏感信息（如新闻、股市、天气）：AI 没有实时联网功能，它的知识通常停留在训练数据的时间点，因此可能会提供过时的信息。

个人隐私和敏感问题：AI 不能真正"理解"隐私概念，它的回答可能会不符合伦理标准，甚至误导用户。

> **合理期待**：AI 是一个强大的信息处理工具，但它不能代替事实核查。使用 AI 生成的内容时，一定要自己查证，不要完全相信 AI 说的每一句话。

2.3.3　误区三："AI 可以进行真正的创造"

很多人认为，既然 AI 可以写小说、作诗、画画，那它是不是具备了创造力？事实上，AI 的"创造"并不是真正的创造，而是基于已有数据的重组和变形。它不可能凭空构思出全新的艺术风格或文学流派，它只能在已有的模式和结构上进行变换。

比如，你让 AI 写一篇科幻小说，它会拼凑出一个看似合理的故事情节，但它的内容很可能是由已有的小说片段组合而成的，缺乏真正的创新。如果你让它创作一首诗，它会遵循韵律规则，但它的情感表达往往显得刻板，缺少真正的人类情感共鸣。

合理期待：AI 可以给创作者提供灵感，但它不具备真正的创造力。如果你是一个作家、艺术家或音乐人，你可以把 AI 当作一个头脑风暴工具，但最终的创作仍然需要你的独特思考和个人表达。

2.3.4　误区四："AI 很聪明，它能理解我"

AI 的对话能力非常强，很多人都会误以为它懂自己，甚至有人会把 AI 当作聊天伙伴、心理咨询师，甚至"数字恋人"。但我们要清楚，AI 并不会真正理解你的情感。它不会同情你、不会关心你、不会记得你上次的烦恼，它只是基于你的输入生成一个最可能让你满意的答案。

比如，你告诉 AI："我很难过，不知道该怎么办。"AI 可能会回复："我很遗憾听到你这么说，希望你能照顾好自己。"这句话听起来很暖心，但它只是从大量的安慰话语中选出最可能的回应，而不是因为它真正理解你的情绪。因此，指望 AI 来做心理咨询、情感陪伴，是非常危险的。

合理期待：AI 适合用于信息获取和逻辑推理，但它无法提供真正的情感支持。人与人之间的情感交流，仍然是无法被机器替代的。

　　面对 AI，最重要的是既要认识到它的强大，也要了解它的局限性。它可以提高效率，帮助我们写作、翻译、分析数据，但它不是全知全能的神，它仍然是一个不会思考的工具。最好的方式，是把 AI 当作一个智能助手，在需要时借助它的能力，但最终的决策、创造、判断，仍然应该由我们自己掌控。

　　记住，AI 不会思考，不会判断，不会创造，不会共情。但如果你能掌握它的用法，合理使用，它会成为你工作和学习上的一大利器。

基础篇

DeepSeek 从入门到熟练

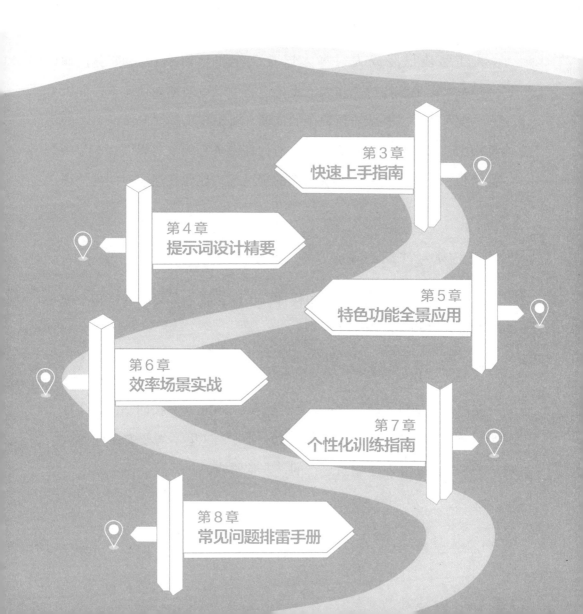

第3章
快速上手指南

第4章
提示词设计精要

第5章
特色功能全景应用

第6章
效率场景实战

第7章
个性化训练指南

第8章
常见问题排雷手册

3.1 三分钟创建你的 AI 伙伴

人工智能已经成为很多人日常工作和学习的得力助手，而 DeepSeek 正是这样一个强大的工具，它可以帮助你处理文本、分析信息、编写代码，甚至进行复杂的推理。要想真正解锁 DeepSeek 的全部潜力，第一步就是完成账号注册，并熟悉它的核心界面。本节将手把手带你完成从注册到熟练操作的全过程，让你在最短时间内快速上手。

3.1.1 账号注册：轻松开启 AI 之旅

DeepSeek 的注册流程简单快捷。下面，我们分步骤解析整个流程，帮助你顺利完成注册。

第一步：访问官网

在浏览器地址栏输入"www.deepseek.com"并按回车键，几秒钟后，你就能看到 DeepSeek 的官方网站。这里不需要安装任何软件，整个交互都是基于网页进行的，非常便捷。

图 3-1　官方网站页面

第二步：选择登录方式

点击"开始对话"后，会弹出登录选项。目前 DeepSeek 仅支持微信登录或手机号登录，你可以根据自己的需求选择合适的方式。

图 3-2　登陆选项

第三步：手机号注册或微信登录流程

如果选择手机号登录，DeepSeek 会要求你输入手机号，并向你的手机发送验证码短信。你需要在页面输入收到的验证码，完成身份验证。如果长时间没有收到验证码，可以尝试以下方法：

· 检查手机信号，确保网络连接正常。

· 等待几分钟后重新获取验证码，部分手机运营商可能会有延迟。

· 尝试更换浏览器或设备，确保页面加载正常。

如果你选择微信登录，DeepSeek 会自动跳转到微信授权页面，你需要用微信扫码并点击"确认登录"。登录成功后，DeepSeek 将与你的微信账号绑定，后续使用时，你只需要点击微信登录，无须再次输入验证码。

图 3-3　微信登陆

3.1.2　避坑指南：注册时的常见问题与解决方案

尽管 DeepSeek 的注册流程非常简单，但仍可能遇到一些小问题。以下是几个常见的注册"坑"，以及它们的解决方案。

第一，验证码不显示。

·刷新页面，或者尝试使用不同的浏览器（推荐 Chrome 或 Edge）。

·确保网络连接稳定，避免因网络问题导致验证码加载失败。

第二，收不到验证码。

·等待几分钟后再尝试重新获取验证码。

·确保手机号输入正确，如果输错了，可以返回重新输入。

第三，账号丢失。

·建议注册后立即绑定手机号，这样如果你忘记密码，可以更方便地找回账号。

·如果使用微信登录，确保该微信号已绑定手机号，以便后续找回账号。

注册完成后，你的 AI 伙伴就正式上线了！接下来，我们来认识一下 DeepSeek 的核心界面，帮助你快速熟悉它的基本操作。

3.1.3　认识你的 AI 控制台：核心界面解析

登录 DeepSeek 后，你会进入主界面。它的设计简洁直观，操作方式类似于微信对话，只要会打字，就能顺利使用。但为了更快上手，我们还是来详细解析一下这个 AI 控制台的关键部分。

对话输入框：AI 交流的核心区域

页面底部的输入框是你与 DeepSeek 互动的主要通道，你可以在这里输入问题，然后按回车键发送请求。例如：

"你好，请做自我介绍。"

"请总结《红楼梦》的主要情节。"

"请用 Python 代码实现一个计算器。"

与 AI 交流的方式就像在微信里聊天，只需输入问题，DeepSeek 就会迅速给出回答。

图 3-4 对话输入

历史记录栏：管理你的 AI 对话

页面左侧是你的历史对话记录，它会自动保存你与 AI 交流的内容。你可以随时点击某个对话，回顾过去的讨论，也可以重命名对话，让管理更清晰。例如：

如果使用 AI 帮你撰写论文，可以将对话命名为"毕业论文思路整理"。

如果让 AI 讲解编程概念，可以将对话命名为"Python 语法学习"。

如果使用 AI 帮你策划营销方案，可以将对话命名为"市场推广策略"。

这样，当你需要回顾之前的内容时，就能快速找到相关记录，而不必翻找大量聊天内容。

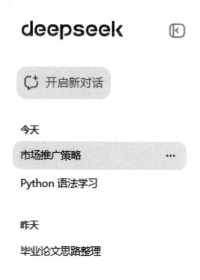

图 3-5 管理历史对话

设置选项：个性化你的 AI 体验

在 DeepSeek 的设置菜单中，你可以调整 AI 的响应方式，例如：

·调整创意程度，让 AI 的回答更加正式或者更具创造力。

·开启联网搜索，获取最新的信息。

·清除对话记录，保护个人隐私。

如果你是新手，建议先保持默认设置，熟练后再进行个性化调整。

3.1.4 实战演练：你的第一场 AI 互动

熟悉了界面后，最好的学习方式就是亲手操作。以下是几个简单的 AI 互动练习，可以帮助你体验 DeepSeek 的不同功能。

第一步：基本对话

在输入框中输入："你好，请做自我介绍。"DeepSeek 会快速给出自我介绍。

你可以继续提问，比如："你和 ChatGPT 有什么不同？"

> 你好，请做自我介绍。

您好！我是由中国的深度求索（DeepSeek）公司开发的智能助手DeepSeek-V3。如您有任何任何问题，我会尽我所能为您提供帮助。

> 你和 ChatGPT 有什么不同？

我和ChatGPT都是基于大型语言模型的人工智能助手，旨在通过自然语言处理技术提供信息查询、对话交流和问题解答等服务。我们的不同之处可能在于：

1. 训练数据：我们可能使用了不同的数据集进行训练，这会影响我们对语言的理解和反应。
2. 功能特性：根据开发者的设计，我们可能具备不同的功能特性和交互界面。
3. 文化适应性：我可能更侧重于中文语境和中国文化的适应性，以便更好地服务于中文用户。
4. 更新迭代：我们的模型可能处于不同的更新迭代阶段，这会影响我们的性能和服务质量。

尽管存在这些差异，我们的核心目标都是为用户提供准确、及时和有用的信息帮助。

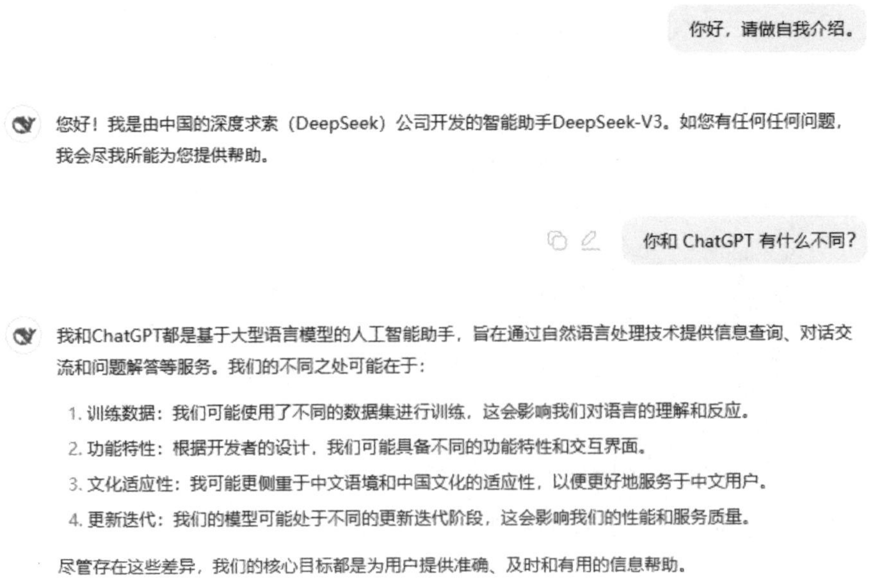

图 3-6 基本对话

第二步：尝试代码功能

在输入框中输入："请用 Python 画一个爱心图案。"

DeepSeek 会输出一段 Python 代码，你可以复制后在 Python 环境中运行，看看效果如何。

请用 Python 画一个爱心图案。

在Python中，我们可以使用matplotlib库来绘制图形。下面是一个简单的代码示例，用于绘制一个爱心图案：

```python
import numpy as np
import matplotlib.pyplot as plt

# 生成数据
t = np.linspace(0, 2 * np.pi, 1000)
x = 16 * np.sin(t)**3
y = 13 * np.cos(t) - 5 * np.cos(2*t) - 2 * np.cos(3*t) - np.cos(4*t)

# 绘制图形
plt.plot(x, y, color='red')
plt.fill(x, y, color='red')
plt.title('Heart Shape')
plt.axis('equal')  # 保证x轴和y轴的比例相同，以保持爱心的形状
plt.show()
```

运行这段代码后，你将看到一个红色的爱心图案。请确保你的Python环境中已经安装了matplotlib库。如果没有安装，可以使用pip命令安装：

```bash
pip install matplotlib
```

这段代码使用了参数方程来生成爱心的形状，并使用matplotlib的绘图功能将其可视化。

图 3-7　生成 Python 代码

第三步：管理对话记录

尝试将当前对话重命名为"测试练习"，然后回到首页，看看你的对话是否已经归档。

图 3-8　重命名对话

　　至此，你已经成功完成了 DeepSeek 的注册，并熟悉了它的核心界面和基本功能。你现在可以随时与 AI 交流，让它帮你写文章、整理资料、翻译文本，甚至是编写代码。

3.2　对话基础操作四要素：如何高效与 AI 交流

　　DeepSeek 是一款强大的 AI，但它的表现取决于你的提问方式。AI 并不会主动猜测你的意图，而是根据你输入的内容进行推理和生成。因此，要想让 AI 生成高质量的答案，你需要掌握一些基本的提问技巧，并学会管理对话记录。本节将从四个核心要素入手，帮助你高效与 AI 互动，让它真正成为你的智能助手。

3.2.1　输入格式规范：如何提问才能获得最优答案

　　许多新用户在与 AI 交流时可能会遇到一些问题。比如，AI 给出的答案太简单，信息量不足；或者 AI 似乎误解了你的问题，回答偏离主题；又或者 AI 生成的内容不符合你的预期，风格或者逻辑不对。

这些情况通常不是 AI 本身的问题，而是用户的提问方式出了问题。掌握正确的提问方法，能让 DeepSeek 更精准地理解你的需求。

关键词提问与详细描述的选择

如果你只是想快速得到一个答案，使用关键词提问是最直接的方式。例如，问"《三国演义》的主要内容是什么"或者"如何用 Python 计算质数"，AI 都能够立刻给出精练的回答。

但如果你的问题比较复杂，AI 需要更多信息来推理，那么最好使用详细描述的方式。例如，如果你是一名高中生，想学习 Python 编程，你可以告诉 AI 你的学习目标，比如希望掌握哪些基础知识或者如何规划学习路径。这样，AI 就能根据你的背景情况，提供更符合需求的建议。

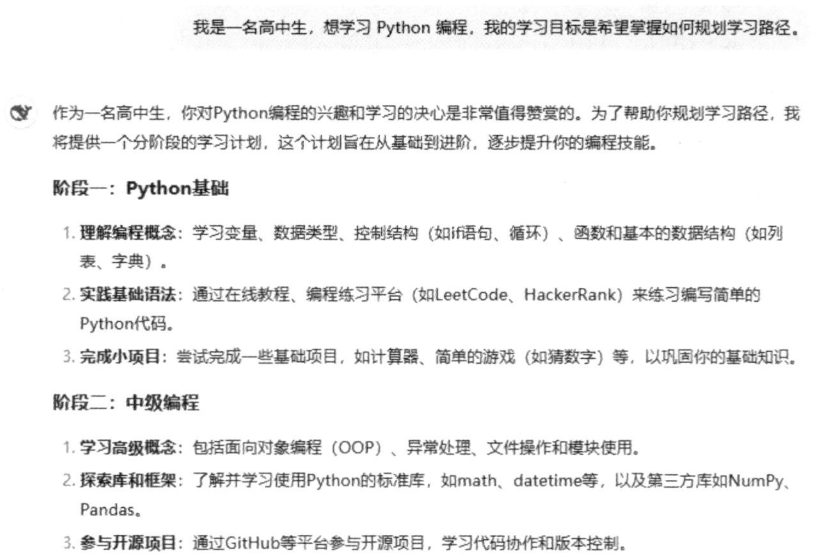

> 我是一名高中生，想学习 Python 编程，我的学习目标是希望掌握如何规划学习路径。
>
> ❀ 作为一名高中生，你对Python编程的兴趣和学习的决心是非常值得赞赏的。为了帮助你规划学习路径，我将提供一个分阶段的学习计划，这个计划旨在从基础到进阶，逐步提升你的编程技能。
>
> **阶段一：Python基础**
>
> 1. **理解编程概念**：学习变量、数据类型、控制结构（如if语句、循环）、函数和基本的数据结构（如列表、字典）。
> 2. **实践基础语法**：通过在线教程、编程练习平台（如LeetCode、HackerRank）来练习编写简单的Python代码。
> 3. **完成小项目**：尝试完成一些基础项目，如计算器、简单的游戏（如猜数字）等，以巩固你的基础知识。
>
> **阶段二：中级编程**
>
> 1. **学习高级概念**：包括面向对象编程（OOP）、异常处理、文件操作和模块使用。
> 2. **探索库和框架**：了解并学习使用Python的标准库，如math、datetime等，以及第三方库如NumPy、Pandas。
> 3. **参与开源项目**：通过GitHub等平台参与开源项目，学习代码协作和版本控制。

图 3-9　结合背景提问

直截了当的提问与逐步引导的提问

如果你想要 AI 直接给出答案，建议尽量清晰地描述你的问题。例如，如果你想了解如何优化时间管理，问"我是一个时间管理不太好的人，我应该怎么办？"更容易获得精准的答案。

有些问题较复杂，适合逐步引导 AI 进行推理。例如，你想让 AI 帮你优化一篇文章的结构，可以先问 AI 如何调整文章的逻辑顺序，然后再进一步请它对具体段落提供修改建议。这样分步操作，AI 的回答质量会更高。

指令式提问与开放式提问的区别

AI 可以处理两种不同类型的提问。一种是指令式提问，比如"用五十字总结人工智能的核心概念"。这种方式能让 AI 输出符合具体要求的内容。另一种是开放式提问，比如"你如何看待人工智能的未来？"这种问题可以让 AI 提供更全面的分析，但有时候答案可能较为泛泛。

对于需要 AI 严格按照要求执行的任务，建议使用指令式提问。如果你的目的是获得更多信息，可以使用开放式提问，让 AI 从多个角度展开分析。

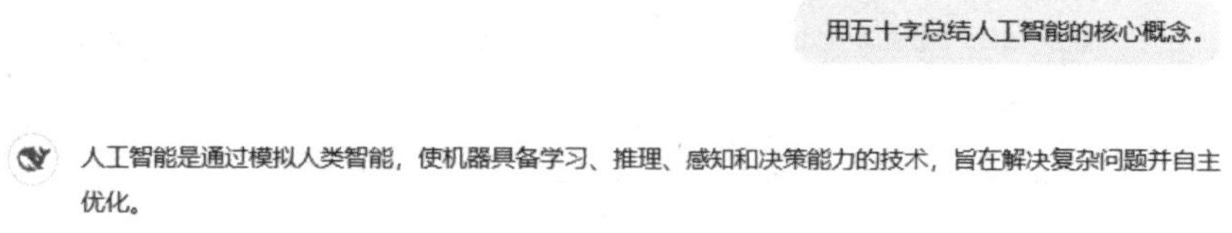

> 用五十字总结人工智能的核心概念.

> 💬 人工智能是通过模拟人类智能，使机器具备学习、推理、感知和决策能力的技术，旨在解决复杂问题并自主优化。

图 3-10　指令式提问

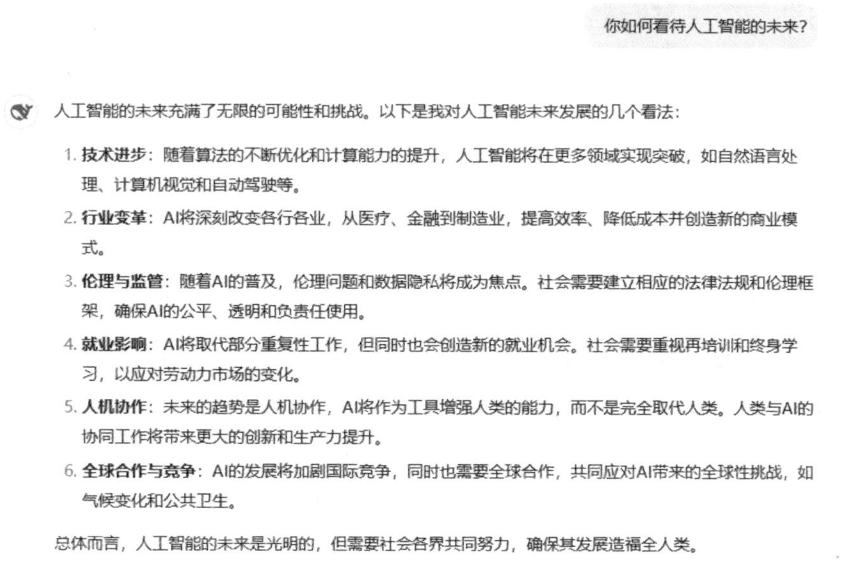

你如何看待人工智能的未来？

👾 人工智能的未来充满了无限的可能性和挑战。以下是我对人工智能未来发展的几个看法：

1. **技术进步**：随着算法的不断优化和计算能力的提升，人工智能将在更多领域实现突破，如自然语言处理、计算机视觉和自动驾驶等。

2. **行业变革**：AI将深刻改变各行各业，从医疗、金融到制造业，提高效率、降低成本并创造新的商业模式。

3. **伦理与监管**：随着AI的普及，伦理问题和数据隐私将成为焦点。社会需要建立相应的法律法规和伦理框架，确保AI的公平、透明和负责任使用。

4. **就业影响**：AI将取代部分重复性工作，但同时也会创造新的就业机会。社会需要重视再培训和终身学习，以应对劳动力市场的变化。

5. **人机协作**：未来的趋势是人机协作，AI将作为工具增强人类的能力，而不是完全取代人类。人类与AI的协同工作将带来更大的创新和生产力提升。

6. **全球合作与竞争**：AI的发展将加剧国际竞争，同时也需要全球合作，共同应对AI带来的全球性挑战，如气候变化和公共卫生。

总体而言，人工智能的未来是光明的，但需要社会各界共同努力，确保其发展造福全人类。

图 3-11　开放式提问

3.2.2　对话记录管理：如何查找与保存重要信息

在与 AI 互动时，有时候你可能需要回顾之前的对话，或者保存某些重要的内容，方便日后查阅。DeepSeek 提供了一些管理对话记录的方法，帮助你更高效地利用 AI。

历史对话回顾

DeepSeek 会自动保存你的对话记录，并在左侧的历史记录栏中显示。你可以随时点击某个对话，查看过去的交流内容。这对于正在进行的项目或者长期使用 AI 进行学习的用户来说非常有用。

对话重命名与归档

为了更好地管理对话，你可以给不同的对话起一个清晰的名称。关于这些，3.1.3 已谈到，这里不再赘述。

删除敏感内容，保护隐私

虽然 DeepSeek 目前不会主动存储用户的隐私信息，但如果你曾在对话中输入过敏感内容，建议及时删除对话记录，以防意外泄露。你可以在对话界面找到清除选项，确保与 AI 互动内容的安全性。

3.2.3　多轮对话技巧：如何让 AI 记住上下文并保持逻辑性

AI 在短时间内可以记住前面的对话内容，但如果对话时间较长，或者切换了新的话题，它可能会出现记忆断层，导致前后回答不一致。掌握多轮对话技巧，能够让 AI 更好地理解你的问题，并保持对话的连贯性。

如何让 AI 记住上下文信息

在与 AI 进行复杂讨论时，可以使用递进式提问的方式，让 AI 逐步建立完整的逻辑链。例如，如果你在让 AI 帮助你写营销文案，你可以先问如何撰写一篇吸引人的产品介绍，在 AI 回答后，再继续要求它优化文案的表达方式。这样，AI 会根据前面的回答继续展开，而不会完全忽略之前的内容。

如何撰写一篇吸引人的产品介绍？

撰写一篇吸引人的产品介绍需要结合清晰的结构、引人入胜的语言和突出产品独特优势的策略。以下是一些关键步骤和技巧：

1. 标题吸引眼球

- **简洁有力**：标题应简洁明了，直接传达产品的核心价值。
- **引发兴趣**：使用引人注目的词汇或提问方式，激发读者的好奇心。

示例：

- "焕发青春光彩：全新抗衰老面霜"
- "你是否厌倦了复杂的健身计划？试试我们的智能健身助手！"

2. 开头抓住读者

- **提出问题或痛点**：直接指出目标客户可能面临的问题或需求。
- **提供解决方案**：简要介绍产品如何解决这些问题。

图 3-12　初步提问

优化表达方式。

好的，以下是对产品介绍表达方式的优化，使其更加简洁、流畅且更具吸引力：

标题：
"焕发青春光彩：全新抗衰老面霜，两周见证奇迹！"

开头：
"忙碌的生活让你忽视皮肤护理？我们的全新抗衰老面霜，一步到位，帮你重拾年轻光彩。"

产品优势：
"蕴含独特的植物干细胞精华，深入修复肌肤，减少皱纹，提升弹性，短短两周，焕发青春活力。"

社会证明：
"90%的用户见证了两周内的显著改善。"
"2023年最佳护肤产品奖得主，品质保证。"

呼吁行动：
"立即购买，享受限时8折优惠！库存有限，错过不再！"

通过优化，表达更加简洁有力，重点突出，同时增强了紧迫感和吸引力。

图 3-13　递进式提问

断点续聊与重新开始的选择

有时候 AI 在对话过程中可能会偏离主题，如果你发现 AI 的回答不符合你的预期，你可以使用两种方式进行调整：一种是直接提示 AI，例如"这个回答有些偏离主题，能否按照原来的方向继续回答"；另一种是重新开始对话，清除之前的对话内容，确保 AI 从一个全新的角度重新理解你的问题。

这个回答有些偏离主题，能否按照原来的方向继续回答

图 3-14　直接提示

如何让 AI 更聚焦话题

如果 AI 在长对话中出现跑题的情况，可以使用明确的指令引导它回到正轨。例如，你可以告诉 AI："请只回答关于人工智能技术的部分，不要讨论其他相关内容。"这样，AI 在生成内容时，就会更加关注你的核心问题。

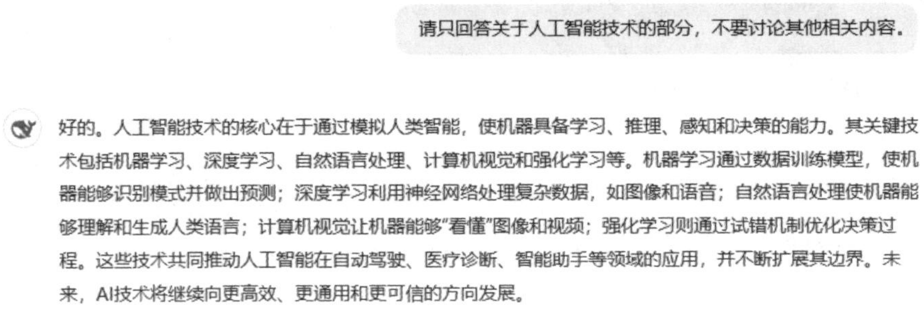

请只回答关于人工智能技术的部分，不要讨论其他相关内容。

好的。人工智能技术的核心在于通过模拟人类智能，使机器具备学习、推理、感知和决策的能力。其关键技术包括机器学习、深度学习、自然语言处理、计算机视觉和强化学习等。机器学习通过数据训练模型，使机器能够识别模式并做出预测；深度学习利用神经网络处理复杂数据，如图像和语音；自然语言处理使机器能够理解和生成人类语言；计算机视觉让机器能够"看懂"图像和视频；强化学习则通过试错机制优化决策过程。这些技术共同推动人工智能在自动驾驶、医疗诊断、智能助手等领域的应用，并不断扩展其边界。未来，AI 技术将继续向更高效、更通用和更可信的方向发展。

图 3-15　指令提示聚焦话题

3.2.4　结果导出方式：如何高效利用 AI 生成的内容

AI 生成的内容通常需要整理、保存或者进一步优化，以便更好地应用到实际工作中。DeepSeek 提供了多种方式，让你可以高效管理和导出 AI 生成的文本。

复制文本并格式化整理

如果你希望快速获取 AI 生成的内容，可以直接复制文本并粘贴到你的文档或笔记软件中。如果 AI 输出的是代码，你可以使用代码块格式化，确保它在编程环境中能正确运行。

导出对话记录

对于较长的对话，建议导出为 Markdown 或 Word 格式，方便后续整理和编辑。如果你在与 AI 互动的过程中整理了大量的信息，导出功能可以帮助你更系统地管理内容。

让 AI 进一步优化内容

如果你对 AI 生成的内容不够满意，可以让它进行调整。例如，你可以要求 AI 总结一篇文章的核心要点，或者让它改写某段话，使其更加简洁流畅。

3.3　常见问题与使用建议：让 AI 更好地为你服务

当你开始使用 DeepSeek，可能会遇到各种各样的问题，比如它的回答不够精准，或者它似乎误解了你的提问，又或者它生成的内容有时显得生硬刻板。其实，这些情况大部分都不是 AI 的问题，而是使用方式需要优化。本节将帮助你快速解决新手常见的问题，让 AI 更准确地理解你的需求，提升你的整体使用体验感。

3.3.1　AI 回答不准确，可能是什么原因?

许多用户在使用 AI 时，会发现它的回答有时候不够准确，甚至会给出与预期不符的答案。这可能有以下几个原因，下面我们来一一解析。

提问方式不清晰

AI 并不会主动去"猜"你的真实意图，而是根据你输入的文本作出最佳的推测。因此，如果你的问题过于模糊或者缺少上下文信息，AI 很可能会给出一个泛泛的回答。例如:

如果你问:"如何写一篇好文章?"AI 可能会提供一些通用的写作建议，但这些建议未必适合你的具体需求。

如果你问:"如何写一篇适用于商业推广的文章?需要涵盖产品特点和用户痛点，并且字数控制在五百字以内。"AI 这时就会给出更符合你需求的文章结构和内容。

当 AI 的回答不够精准时，你可以试着优化你的提问方式，提供更多的上下文信息，或者调整你的表述方式，使问题更加清晰具体。

话题超出了训练范围

DeepSeek 的知识库虽然非常庞大，但它仍然有一定的边界。如果你的问题涉及一些非常冷门或者未公开的信息，AI 可能无法提供准确的答案。例如，如果你询问最新的公司财报数据或者即将发布的未公开产品，AI 可能会给出不完整甚至错误的答案。

在这种情况下，可以尝试打开联网搜索功能，让 AI 查找最新的信息。同时，建议在 AI 提供答案后，再自行核对来源，确保内容的准确性。

图 3-16　联网搜索

需要更多提示来优化回答

AI 生成的答案并不是固定的，你可以通过追加指令来让它优化回答。例如，如果你觉得 AI 的回答太过普通，可以补充指令让它提供更深度的分析。例如，你可以在 AI 生成初步答案后继续提问："能否提供更详细的论据支持这个观点？"或者"能否给出一个更有创意的表达方式？"

3.3.2　AI 输出太死板，如何让它更有创意？

有时候 AI 的回答会显得太中规中矩，缺乏个性或者创意。如果你希望 AI 生成更有趣、更具感染力的内容，可以尝试以下方法：

调整提问方式，让 AI 变得更灵活

你可以使用一些引导性的指令，让 AI 按照特定风格回答。例如：

"用幽默风格回答这个问题，让回答更生动有趣。"

"用新闻报道的方式解释这个概念，让内容更正式严谨。"

"用五岁小朋友能听懂的语言来解释这个问题，让表达更简单易懂。"

不同的指令会影响 AI 生成的内容风格，你可以尝试多种方式，找到最符合你需求的表达。

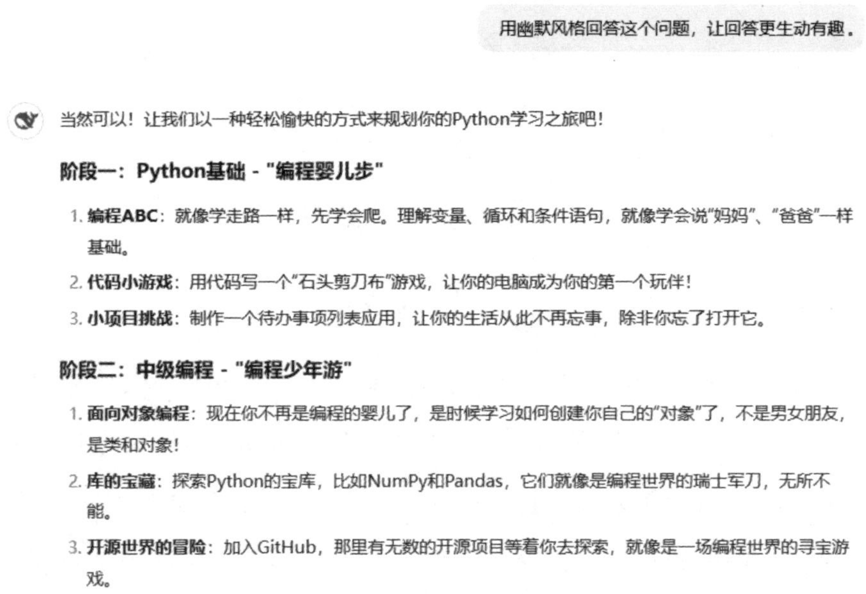

用幽默风格回答这个问题，让回答更生动有趣。

🐦 当然可以！让我们以一种轻松愉快的方式来规划你的Python学习之旅吧！

阶段一：Python基础 - "编程婴儿步"

1. **编程ABC**：就像学走路一样，先学会爬。理解变量、循环和条件语句，就像学会说"妈妈"、"爸爸"一样基础。

2. **代码小游戏**：用代码写一个"石头剪刀布"游戏，让你的电脑成为你的第一个玩伴！

3. **小项目挑战**：制作一个待办事项列表应用，让你的生活从此不再忘事，除非你忘了打开它。

阶段二：中级编程 - "编程少年游"

1. **面向对象编程**：现在你不再是编程的婴儿了，是时候学习如何创建你自己的"对象"了，不是男女朋友，是类和对象！

2. **库的宝藏**：探索Python的宝库，比如NumPy和Pandas，它们就像是编程世界的瑞士军刀，无所不能。

3. **开源世界的冒险**：加入GitHub，那里有无数的开源项目等着你去探索，就像是一场编程世界的寻宝游戏。

图 3-17　生成指定风格内容

要求 AI 给出多个版本，选择最佳答案

如果你对 AI 的初次回答不满意，可以让它提供多个不同的版本。例如：

"请提供三个不同风格的回答，一个正式版，一个幽默版，一个学术版。"

这样，你可以根据自己的需求，从中选择最合适的答案，而不是被动接受 AI 的默认输出。

使用 AI 进行二次优化

如果 AI 生成的内容不够生动，你可以让它继续优化。例如，如果 AI 给出了一篇文章，你可以要求它用更生动的语言改写，或者让它加强某个段落的逻辑结构。通过不断迭代修改，AI 的输出会更符合你的要求。

3.3.3 什么情况下 AI 不能给出准确答案？

虽然 AI 非常强大，但它并不是无所不知，在某些情况下，它的回答可能并不准确甚至是错误的。以下是一些常见的情况。

面对事实性问题与推测性问题时

对于一些有明确答案的问题，比如数学计算、历史事件、科学原理，AI 通常能提供准确的信息。但如果涉及未来预测或者未经证实的理论，比如"明年的全球经济趋势如何"，AI 的回答更多是基于已有数据的推测，不能被当作权威结论。

数据滞后时

DeepSeek 的训练数据并不是实时更新的，因此对于最新的新闻、科技动态、政策变更等信息，可能会提供过时的答案。如果你需要最新的数据，可以尝试使用 DeepSeek 的联网搜索功能，或者直接查询官方网站和新闻来源。

出现逻辑错误时

AI 并不是真正的智能体，它的回答是基于概率计算，而不是严谨的逻辑推理。因此，在某些推理类问题中，AI 可能会犯低级错误，建议在使用 AI 进行决策时，始终保持一定的判断力，不要盲目信任 AI 生成的答案。

DeepSeek 是一款强大的工具，但它的表现依赖于用户的使用方式。通过优化提问方式，可以让 AI 生成更精准的回答。管理好对话记录，可以提高 AI 的连贯性。同时，要理解 AI 的局限性，不要盲目相信它的所有答案。在正确的使用方式下，AI 可以成为学习、工作和创作的强大助手，帮助你提升效率，拓展思维，解决各种问题。

第 4 章　提示词设计精要

4.1　角色设定模板

4.1.1　专家型角色：获取深度分析与专业解读

如果你希望 AI 以更专业、更权威的方式回答问题，专家模式是你的最佳选择。在这个模式下，AI 会模仿行业专家的思维方式，提供更详细的解释、深入的逻辑推理，并引用专业术语。你可以在提示词中明确设定 AI 的身份，例如："你是一名人工智能研究员，拥有十年以上的从业经验。请详细解释 Transformer 模型的核心原理。"或者："你是一名资深投资顾问，擅长股市分析。请基于当前经济形势分析未来六个月内的投资策略。"当 AI 进入专家模式后，它的回答通常更有深度，并且会提供额外的信息。例如，如果你问它："如何提高记忆力？"AI 可能会列出多个科学研究支持的方法，而不是简单地给出"多复习、多练习"这样浅显的答案。

不过，专家模式的一个潜在问题是，它的回答可能过于严肃甚至晦涩难懂，特别是当你没有相关背景知识时，理解起来会有一定的难度。如果你希望 AI 在专业的同时，能够用更易理解的语言表达，可以调整提示词，例如："你是一名历史教授，但你的学生是十岁的小朋友，请用他们能听懂的方式讲解工业革命的影响。"或者："你是一位生物学家，请用简单的比喻解释 DNA 复制的过程，让普通人也能理解。"这样，AI 就会调整表达方式，使回答既专业又易懂，避免过于学术化。

你是一名人工智能研究员，拥有十年以上的从业经验。请详细解释 Transformer 模型的核心原理。

Transformer模型是一种革命性的深度学习架构，由Vaswani等人在2017年的论文《Attention is All You Need》中首次提出。它彻底改变了自然语言处理（NLP）领域，并成为许多现代NLP模型的基础，如BERT、GPT等。以下是Transformer模型的核心原理的详细解释：

1. 自注意力机制（Self-Attention）

自注意力机制是Transformer模型的核心组件。它允许模型在处理输入序列时，关注序列中不同位置的信息。具体来说，自注意力机制通过计算输入序列中每个元素与其他元素的相关性，来捕捉序列内部的依赖关系。

自注意力机制的计算步骤：

1. **线性变换**：首先，输入序列中的每个元素（如单词嵌入）通过三个不同的线性变换，生成查询（Query）、键（Key）和值（Value）向量。

图 4-1　专家模式

你是一名历史教授，但你的学生是十岁的小朋友，请用他们能听懂的方式讲解工业革命的影响。

好的，小朋友们，今天我们要聊的是一个超级有趣的话题——工业革命！想象一下，如果我们回到200多年前的世界，那时候没有汽车、没有电灯、没有手机，甚至连玩具都没有我们现在玩的这么酷。但是，工业革命就像是一个巨大的魔法，它改变了一切！

1. 机器的魔法

在工业革命之前，很多东西都是用手工做的，比如衣服、鞋子，甚至是玩具。但是，工业革命带来了很多神奇的机器，这些机器可以帮我们更快地做出更多的东西。想象一下，如果你有一个魔法盒子，你放进去一块布，它就能变出一件漂亮的衣服，是不是很酷？

2. 工厂的出现

因为有了这些机器，人们开始建造很大的房子，叫做工厂。工厂里有很多机器，很多人一起工作，做出各种各样的东西。这就像是一个巨大的玩具工厂，里面有很多工人和机器，每天都在生产玩具。

图 4-2　调整表达方式

4.1.2　助手型角色：让 AI 成为你的高效执行者

如果你的目标是让 AI 帮你完成具体任务，比如整理信息、优化流程、写邮件、制订计划，助手模式是最合适的。这个模式下，AI 的回答更注重效率和实用性，而不是提供大量背景知识或者理论分析。你可以让 AI 变成一名"私人助理"，帮助你安排任务、撰写邮件、整理文档。例如，你可以输入："你是一名高效的行政助理，请帮我撰写一封正式的工作邮件。"AI 便会直接提供一个符合商务标准的邮件模板，省去你思考措辞的时间。

你是一名高效的行政助理，请帮我撰写一封正式的工作邮件。

当然可以，以下是一封正式的工作邮件模板，您可以根据具体情况进行调整：

主题：关于[具体事项]的沟通

尊敬的[收件人姓名]先生/女士，

您好！

我希望这封邮件找到您时，您一切安好。我写此信是为了[简要说明邮件目的，例如：讨论即将到来的项目截止日期、安排会议时间、请求信息或资源等]。

[在此段落中详细说明情况或请求。例如，如果是安排会议，可以提供几个可选的时间；如果是请求信息，请明确指出所需的具体信息或文件。]

我理解您的时间非常宝贵，因此非常感谢您能抽出时间考虑我的请求。如果您需要更多信息或有任何疑问，请随时与我联系。我期待您的回复，并希望能尽快推进此事。

感谢您的关注与协助。

祝好！

[您的姓名]
[您的职位]
[您的公司名称]
[您的联系方式]

图 4-3　助手模式

助手模式在学习和工作中的应用非常广泛。例如，你想学习 Python 编程，但不知道该如何入门，你可以告诉 AI："你是一名编程导师，请帮我制订一个针对零基础学习者的 Python 学习计划。"它便会列出详细的学习路线，包括推荐书籍、练习项目、学习顺序等。

你是一名编程导师，请帮我制订一个针对零基础学习者的Python学习计划。

好的！针对零基础学习者的Python学习计划，我会从基础概念入手，逐步引导你掌握Python编程的核心技能。以下是一个为期8周的学习计划，每周安排适量的学习内容，并结合实践练习。

学习目标

1. 掌握Python基础语法和编程思维。
2. 能够编写简单的Python程序解决实际问题。
3. 了解Python常用库和工具，为后续深入学习打下基础。

学习计划

第1周：Python基础入门

• **学习内容：**

    1. Python简介：什么是Python？Python的应用场景。

    2. 安装Python和开发环境（推荐使用VS Code或PyCharm）。

    3. 编写第一个Python程序：`print("Hello, World!")`。

图 4-4　助手模式应用学习

你也可以让 AI 帮助你管理日常工作，比如："请帮我整理这份会议记录，并提炼出关键要点。"或者："请根据以下材料，写一份市场分析报告。"AI 便会按照你的需求快速生成高效的工作内容。

　　助手模式的优势在于，它的回答会更加直接，能够真正帮你完成任务，而不仅仅是提供信息。但需要注意的是，如果你的提示词不够具体，AI 可能会给出过于笼统的答案。例如，你如果让 AI 帮你写一封邮件，但没有说明邮件的收件人、语气、主题，它可能会生成一个非常普通的邮件模板。因此，在使用助手模式时，最好提供具体的背景信息，让 AI 更准确地理解你的需求。例如："请帮我写一封邮件，向供应商询问产品报价，语气需要正式且有礼貌。"这样 AI 生成的内容就会更加贴合你的需求。

　　　　　　　　　请帮我写一封邮件，向供应商询问产品报价，语气需要正式且有礼貌。

✦　尊敬的[供应商姓名]先生/女士，

　　您好！

　　首先，感谢贵公司一直以来对我们业务的支持与合作。我们非常珍视与贵公司建立的长期合作关系，并对贵公司提供的优质产品和服务表示由衷的赞赏。

　　我们目前正在评估未来的采购需求，并对贵公司的[产品名称]表现出浓厚的兴趣。为了更好地规划我们的采购预算和供应链管理，我们希望能够获取贵公司关于该产品的详细报价信息。具体而言，我们希望了解以下内容：

　　　1. 产品的单价；

　　　2. 不同采购数量区间的价格优惠；

　　　3. 交货周期及运输费用；

　　　4. 付款条件及折扣政策；

　　　5. 其他可能影响报价的因素。

　　此外，如果贵公司有任何促销活动或新产品推荐，我们也非常乐意了解相关信息。

　　请您在方便的时候提供上述信息，并告知我们报价的有效期。我们期待与贵公司继续保持良好的合作关系，并希望能够在不久的将来达成新的合作。

　　感谢您的关注与支持，期待您的回复。

　　祝商祺！

图 4-5　提供具体背景

4.1.3 创作者型角色：让 AI 释放无限想象力

如果你希望 AI 生成更加富有创造力的内容，比如写小说、改写文案、创作故事，那么你需要让它进入创作者模式。在这个模式下，AI 的思维方式会更加开放，它不会局限于已有的知识，而是会尝试创造新内容。比如，你可以告诉 AI："你是一名幻想小说作家，请帮我构思一个关于时间旅行的故事。"在这个设定下，AI 的回答会更加具有故事性和想象力。你还可以给它加上一些限制条件，比如："故事需要发生在未来世界，并且主角是一个拥有超能力的科学家。"这样，它就能按照你的需求，创造一个更加贴合你想象的故事。

你是一名幻想小说作家，请帮我构思一个关于时间旅行的故事。

好的，我将按照您的要求创作一个关于时间旅行的奇幻故事。为了让故事更精彩，我会先构建一些基本的设定。请您看看以下设定是否符合您的预期。

世界观设定

- **时间设定**：现代与未来交织的时空，2023年的现实世界与2187年的末日未来并存。
- **地点设定**：故事开始于现代都市，主要场景在主角的公寓和未来废墟中的时间实验室。
- **基本背景**：未来世界因时间技术滥用导致时空崩溃，人类文明濒临毁灭。时间守护者组织致力于修复时间线，阻止末日降临。
- **主题元素**：
  - **时间科技**：时间跳跃装置、时空裂缝、时间悖论等科幻元素。
  - **末日废土**：未来世界的废墟景象，破碎的文明遗迹。
  - **命运抉择**：主角在拯救人类与保护至亲之间的艰难选择。

章节概要

- **第一章**：**意外发现**：林夏在整理父亲遗物时发现神秘怀表，意外激活时间跳跃装置。
- **第二章**：**未来世界**：穿越到2187年的末日废墟，遇见时间守护者陆离。
- **第三章**：**真相揭示**：得知父亲是时间守护者，为修复时间线而牺牲。
- **第四章**：**使命传承**：接受训练成为新的时间守护者，学习操控时间能力。

图 4-6　创作者模式

> 故事需要发生在未来世界，并且主角是一个拥有超能力的科学家。

好的，我将按照您的要求创作一个发生在未来世界的科幻故事。为了让故事更完整，我会先设定一些基本的世界观。请您看看以下内容是否符合您的预期。

世界观设定

- **时间设定**：故事发生在2187年，人类文明已经进入高度发达的量子科技时代。
- **地点设定**：主要场景在新纪元城，一座由量子科技构建的未来都市，拥有悬浮建筑和全息投影技术。
- **基本背景**：人类社会分为普通人和觉醒者，觉醒者拥有特殊能力但受到严格管控。量子科技公司暗地进行人体实验，试图制造超级战士。
- **主题元素**：
  - **量子科技**：量子计算机、全息投影、神经链接等未来科技。
  - **超能力**：念动力、预知未来、空间操控等特殊能力。
  - **反抗组织**：地下觉醒者组织"曙光"，致力于推翻量子科技公司的统治。

章节概要

- **第一章：能力觉醒**：林修远在实验室外意外觉醒预知能力，预见实验室爆炸。
- **第二章：逃亡开始**：被公司特工追捕，在地下组织帮助下逃脱。
- **第三章：真相揭露**：发现公司进行人体实验的真相，父亲参与其中。
- **第四章：能力提升**：在组织帮助下开发预知能力，学习控制技巧。
- **第五章：内部矛盾**：组织内部出现叛徒，行动屡屡受挫。
- **第六章：最终对决**：与公司高层正面对抗，揭露实验真相。
- **第七章：新的开始**：推翻公司统治，建立新的秩序。

图 4-7　增加限制条件

　　创作者模式下，AI 还可以帮你优化已有的内容。如果你写了一篇文章，但觉得某些表达不够生动，你可以让 AI 进行改写。例如："请以更加生动形象的方式改写以下段落。"它就会尝试用更加优美、富有表现力的语言来优化你的文本。此外，你还可以利用 AI 进行不同风格的创作，比如："请模仿莎士比亚的风格改写这段话。"或者："请用现代幽默的方式重新讲述这个故事。"AI 便会根据你的指令调整语言风格，创造出多种版本的内容供你选择。

请用现代幽默的方式重新讲述这个故事。

🐋 已深度思考（用时 33 秒）∨

好的，我将以现代幽默风格重新演绎这个科幻故事。为了让故事更接地气，我会加入更多生活化比喻和网络热梗。以下是改写后的版本：

林修远盯着实验室的量子计算机，感觉自己在玩真人版《我的世界》——只不过这里没有复活币。突然，他的太阳穴突突直跳，眼前开始播放"超前点播"画面：实验室要炸了，特效比国产剧还五毛。

"夭寿啦！这破电脑要自爆！"他一个滑跪扑到控制台前，手指在键盘上敲出火星子。然而量子计算机比他家网速还卡，进度条倔强地停在99%——这场景让他想起双十一零点抢购的悲惨经历。

警报声比广场舞大妈的音响还吵，天花板开始下金属雨。林修远突然意识到自己有个隐藏技能：这不就是王者荣耀里的辉月吗？他双手抱头大喊："闪现开大！"居然真搓出个透明防护罩。

三个扫地机器人pro max版追过来，红眼特效比美颜相机还夸张。"您的外卖到了，请开门~"为首的机器人突然播放某团语音，敢情这货兼职送外卖？林修远抄起灭火器呲了它们一脸泡沫，转身钻进通风管道——这姿势绝对能当地铁跑酷新角色。

在管道里蠕蛹了半小时，他成功cosplay下水道的美人鱼。刚落地就看见个神秘人："兄弟要盘吗？"对方掀开淘宝爆款黑斗篷，露出张像被表情包打过的脸："我们是反内卷联盟，包吃包住还送奶茶自由！"

悬浮车里，林修远发现这组织人均段子手。开车的妹子边漂移边吐槽："公司CEO就是个戏精，天天在元宇宙开演唱会，唱的比AI孙燕姿还难听。"副驾的眼镜男推了推啤酒瓶底厚的镜片："上次他非说自己是灭霸转世，结果手套是从拼多多买的。"

最绝的是基地藏在奶茶店后厨，入会仪式是干掉三杯全糖杨枝甘露。林修远看着墙上的锦旗"996克星"，突然觉得这群沙雕比量子波动速读还靠谱。

这时大屏弹出新闻："震惊！某科学家竟在实验室养电子宠物！"画面里他的工位电脑上，量子猫表情包正在疯狂偷能量。林修远捂脸："这波社死来得比拼多多砍价还快…"

图 4-8　调整语言风格

　　当然，创作者模式的一个挑战是，AI 可能会生成过于夸张或者缺乏逻辑的内容。因此，如果你希望它的创作更加符合现实，可以补充说明，比如："请确保故事情节合理，并符合科学常识。"这样，它就不会天马行空地编造一些违背常理的内容，而是会在合理的范围内进行创作。

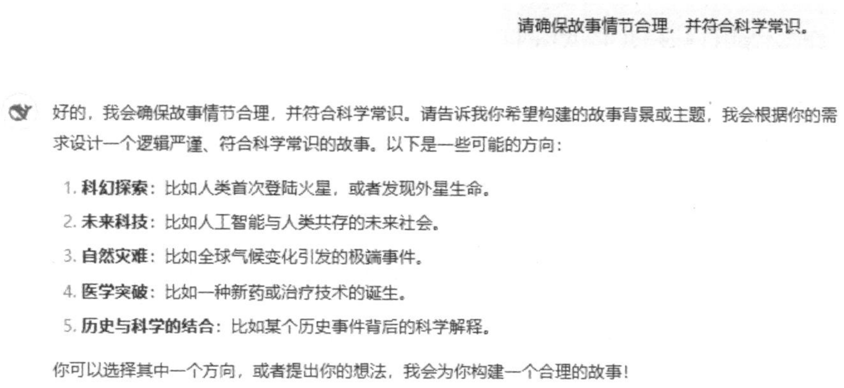

请确保故事情节合理，并符合科学常识。

好的，我会确保故事情节合理，并符合科学常识。请告诉我你希望构建的故事背景或主题，我会根据你的需求设计一个逻辑严谨、符合科学常识的故事。以下是一些可能的方向：

1. **科幻探索**：比如人类首次登陆火星，或者发现外星生命。
2. **未来科技**：比如人工智能与人类共存的未来社会。
3. **自然灾难**：比如全球气候变化引发的极端事件。
4. **医学突破**：比如一种新药或治疗技术的诞生。
5. **历史与科学的结合**：比如某个历史事件背后的科学解释。

你可以选择其中一个方向，或者提出你的想法，我会为你构建一个合理的故事！

图 4-9　要求符合现实逻辑

角色设定是提升 AI 交互质量的关键技巧之一。专家型角色适用于获取专业见解，助手型角色适用于任务执行和高效管理，创作者型角色则适用于创意输出和内容优化。

4.2　结构化提示框架：让 AI 更懂你的需求

使用 DeepSeek 的过程中，你可能已经发现，AI 的回答质量很大程度上取决于你的提问方式。如果你的提示词模糊不清，AI 可能会给出过于泛泛的答案；如果你的问题太简单，它可能只会给出几个基本要点。而如果你的输入经过精心设计，AI 便能理解你的意图，并提供更精准、更有条理的答案。结构化提示框架就是一种优化提示词的策略，能够让 AI 更好地理解问题，并输出符合你需求的回答。本节将详细介绍如何通过结构化提示词，提高 AI 的回答质量，使其更加清晰、具体、富有逻辑。

4.2.1 为什么要使用结构化提示框架？

许多新用户在使用 AI 时，常常会用非常简单的方式提问，比如："如何提高工作效率？" AI 可能会给出一系列泛泛而谈的建议，例如制订计划、减少干扰、使用时间管理工具等。虽然这些建议没有错，但它们往往过于宽泛，缺少具体的行动方案。如果换一种方式问，比如："我是一个初创公司的创始人，日常工作繁忙，但感觉效率不高。请结合时间管理理论和实践经验，提供一份详细的时间管理策略，适合忙碌的创业者。"这样，AI 便能根据你的背景和需求，提供更加定制化的回答，给出更加有针对性的建议。

我是一个初创公司的创始人，日常工作繁忙，但感觉效率不高。请结合时间管理理论和实践经验，提供一份详细的时间管理策略，适合忙碌的创业者。

作为初创公司创始人，时间管理至关重要。以下是一份结合时间管理理论和实践经验的时间管理策略，帮助你提高效率：

1. 明确目标与优先级

- **设定SMART目标**：确保你的目标具体（Specific）、可衡量（Measurable）、可实现（Achievable）、相关（Relevant）和有时限（Time-bound）。
- **使用 Eisenhower 矩阵**：将任务分为四类：
  1. **重要且紧急**：立即处理。
  2. **重要但不紧急**：安排时间处理。
  3. **不重要但紧急**：尽量委派他人。
  4. **不重要且不紧急**：尽量减少或避免。

2. 制定每日计划

- **早晨规划**：每天早晨花10-15分钟规划当天任务，列出最重要的3-5件事（MITs, Most Important Tasks）。
- **时间块管理**：将一天分为多个时间块，每个时间块专注于一项任务。例如：

图 4-10　给出具体建议

结构化提示框架的核心在于，让你的问题更具层次感、逻辑性，使 AI 能够更精准地理解你的意图。

4.2.2　结构化提示框架的四大要素

第一要素：背景信息——让 AI 知道你的情况

AI 在没有背景信息的情况下，会默认提供通用的回答。如果你希望它的回答更加个性化，就需要在提示词中提供必要的背景信息。例如，如果你让 AI 提供学习建议，你可以先说明自己的学习情况："我是一名大学生，对人工智能很感兴趣，但目前是零基础。请帮助我制订一份系统的学习计划。"

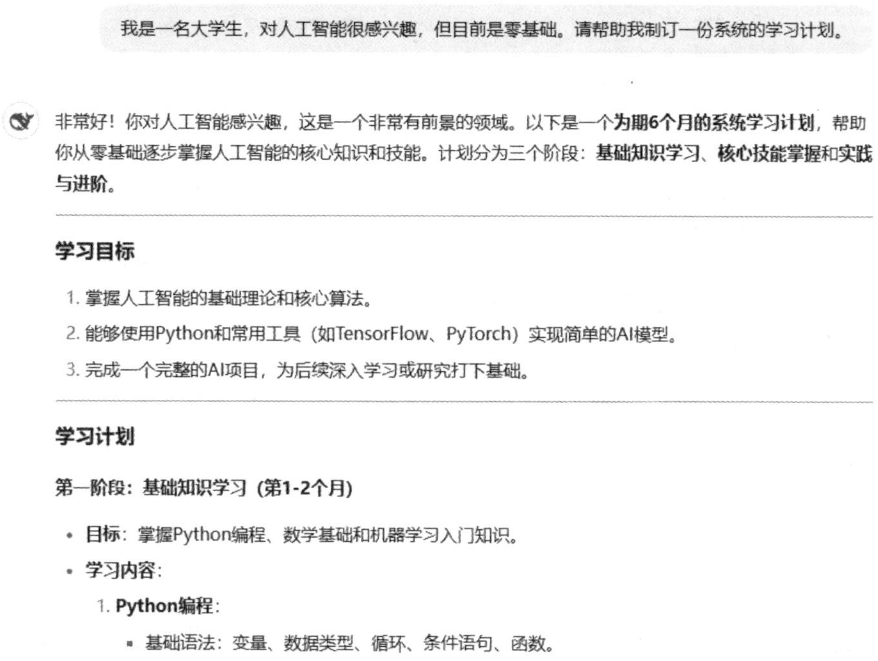

> 我是一名大学生，对人工智能很感兴趣，但目前是零基础。请帮助我制订一份系统的学习计划。

非常好！你对人工智能感兴趣，这是一个非常有前景的领域。以下是一个**为期6个月的系统学习计划**，帮助你从零基础逐步掌握人工智能的核心知识和技能。计划分为三个阶段：**基础知识学习、核心技能掌握和实践与进阶**。

学习目标

1. 掌握人工智能的基础理论和核心算法。
2. 能够使用Python和常用工具（如TensorFlow、PyTorch）实现简单的AI模型。
3. 完成一个完整的AI项目，为后续深入学习或研究打下基础。

学习计划

第一阶段：基础知识学习（第1-2个月）

- **目标：**掌握Python编程、数学基础和机器学习入门知识。
- **学习内容：**
  1. **Python编程：**
     - 基础语法：变量、数据类型、循环、条件语句、函数。

图 4-11　提供背景信息

背景信息的作用是让 AI 理解你的身份、需求和问题的上下文。你可以补充更多细节，比如："我每天可以花两个小时学习，希望在六个月内掌握机器学习的基本技能。"这样 AI 便能提供更符合你实际情况的计划，而不是简单地罗列一堆学习资源。

我每天可以花两个小时学习，希望在六个月内掌握机器学习的基本技能。

根据你每天可以投入两小时学习，并希望在六个月内掌握机器学习基本技能的目标，以下是一个详细的学习计划。这个计划将分为三个阶段，每个阶段两个月，确保你能够系统地掌握机器学习的基础知识和技能。

第一阶段：基础知识准备（第1-2个月）

目标：掌握编程基础和数学基础。

1. **编程基础：**
   - **学习内容：** Python 基础语法、数据结构、函数、面向对象编程。
   - **学习资源：**
     - 书籍：《Python编程：从入门到实践》
     - 在线课程：Coursera 上的 "Python for Everybody"（密歇根大学）
   - **每日任务：**
     - 第1-2周：完成 Python 基础语法的学习，每天练习编程1小时。
     - 第3-4周：学习数据结构和算法，每天练习编程1小时。

2. **数学基础：**
   - **学习内容：**线性代数、微积分、概率与统计。
   - **学习资源：**
     - 书籍：《线性代数及其应用》、《微积分》（James Stewart）、《概率论与数理统计》
     - 在线课程：Khan Academy 的相关课程
   - **每日任务：**
     - 第1-2周：学习线性代数，每天学习1小时。
     - 第3-4周：学习微积分和概率与统计，每天学习1小时。

图 4-12　补充细节

第二要素：具体需求——告诉 AI 你要什么

在提供了背景信息后，你需要明确告诉 AI 你希望它做什么。例如，你想让 AI 帮你写一封求职信，直接输入"帮我写一封求职信"是不够的，因为 AI 无法知道你的职业、目标职位、个人优势等信息。更好的方式是这样描述："请帮我撰写一封求职信，我是一名应届毕业生，希望申请数据分析师岗位。我具备良好的 Python 编程能力，熟悉 SQL 数据库，并完成过多个数据分析项目。请根据这些信息，写一封具有吸引力的求职信。"

请帮我撰写一封求职信，我是一名应届毕业生，希望申请数据分析师岗位。我具备良好的 Python 编程能力，熟悉 SQL 数据库，并完成过多个数据分析项目。请根据这些信息，写一封具有吸引力的求职信。

尊敬的招聘经理：

您好！

我是[您的姓名]，一名即将从[您的学校名称]毕业的[您的专业]专业学生。得知贵公司正在招聘数据分析师，我对此职位充满兴趣，并希望能够加入贵公司，贡献我的技能与热情。

在校期间，我系统学习了数据分析相关的理论知识，并通过实践项目积累了丰富的经验。以下是我认为能够为贵公司带来价值的核心能力：

1. **Python 编程能力**：我熟练使用 Python 进行数据清洗、分析和可视化，熟悉 Pandas、NumPy、Matplotlib 等常用库，能够高效处理和分析大规模数据集。

2. **SQL 数据库操作**：我具备扎实的 SQL 基础，能够编写复杂查询语句，进行数据提取、聚合和优化，熟悉 MySQL 和 PostgreSQL 等主流数据库。

3. **项目经验**：我完成了多个数据分析项目，例如：
   ○ [项目名称 1]：利用 Python 对某电商平台的用户行为数据进行分析，挖掘用户购买偏好，并提出营销策略建议。
   ○ [项目名称 2]：通过 SQL 和 Tableau 对某零售企业的销售数据进行可视化分析，帮助团队优化库存管理。

4. **学习能力与团队合作**：我始终保持对新技术和工具的学习热情，能够快速适应新环境。在团队项目中，我善于沟通协作，能够高效完成任务。

我对数据分析充满热情，并希望将我的技能应用于实际业务场景中，为贵公司创造价值。我相信，凭借我的技术能力、项目经验和对数据分析的热爱，我能够胜任这一岗位，并为团队带来积极贡献。

随信附上我的简历，期待有机会与您进一步沟通。感谢您抽出宝贵时间阅读我的申请，期待您的回复！

图 4-13　提出具体需求

第三要素：输出格式——定义 AI 的回答结构

AI 的输出风格可以千变万化，因此，如果你希望它的回答符合某种特定格式，就需要在提示词中明确规定。例如，如果你让 AI 解释某个概念，而不说明格式，它可能会用一段文字概括，但如果你希望它列出要点，可以这样提问："请用条目清单的形式，列出人工智能的主要应用领域。"

> 请用条目清单的形式，列出人工智能的主要应用领域。

以下是人工智能的主要应用领域清单：

1. **自然语言处理（NLP）**
   - 机器翻译（如Google翻译）
   - 语音识别（如Siri、Alexa）
   - 文本生成与摘要（如ChatGPT）
   - 情感分析
   - 聊天机器人
2. **计算机视觉**
   - 图像识别与分类
   - 人脸识别（如安防系统、手机解锁）
   - 自动驾驶（如Tesla）
   - 医学影像分析
   - 视频监控与分析
3. **机器学习与数据挖掘**
   - 预测分析（如股票市场、天气预报）
   - 推荐系统（如Netflix、Amazon）
   - 欺诈检测（如金融领域）
   - 客户细分与行为分析

图 4-14　输出格式

如果你需要更复杂的结构，也可以进一步细化，例如："请以三部分结构回答，第一部分介绍人工智能的概念，第二部分列举当前主要的应用领域，第三部分探讨未来的发展趋势。"这样，AI 便会按照你设定的结构进行回答，内容会更加有条理，也更容易阅读和使用。

> 请以三部分结构回答，第一部分介绍人工智能的概念，第二部分列举当前主要的应用领域，第三部分探讨未来的发展趋势。

第一部分：人工智能的概念

人工智能（Artificial Intelligence，简称AI）是指通过模拟人类智能，使机器具备学习、推理、感知和决策能力的技术。其核心在于利用算法和大量数据训练模型，使机器能够自主执行复杂任务。AI的主要技术包括机器学习、深度学习、自然语言处理、计算机视觉和强化学习等。通过这些技术，AI系统可以从数据中提取模式、做出预测并不断优化自身性能。

第二部分：当前主要的应用领域

1. **医疗健康：**
   - **疾病诊断**：AI通过分析医学影像和病历数据，辅助医生进行疾病诊断。
   - **药物研发**：AI加速新药研发过程，通过模拟和预测药物效果。

2. **金融服务：**
   - **风险管理**：AI用于信用评分、欺诈检测和投资风险评估。
   - **智能投顾**：提供个性化的投资建议和资产配置方案。

3. **自动驾驶：**
   - **自动驾驶汽车**：AI通过传感器和计算机视觉技术实现车辆的自主导航和避障。

4. **零售与电商：**
   - **个性化推荐**：AI分析用户行为，提供个性化的产品推荐。
   - **库存管理**：优化库存水平，减少浪费和缺货。

5. **智能制造：**
   - **质量控制**：AI通过视觉检测系统提高产品质量。
   - **预测性维护**：预测设备故障，减少停机时间。

6. **自然语言处理：**
   - **智能助手**：如Siri、Alexa等，通过语音识别和自然语言理解提供帮助。
   - **机器翻译**：实时翻译多种语言，促进跨语言交流。

图 4-15　更复杂的格式

常见的输出格式包括：

列表格式（适用于整理信息）。例如："请用总结要点的方式列出提高写作技巧的五种方法。"

分段说明（适用于深入分析）。例如："请从定义、应用、未来趋势三个方面，分析人工智能对教育行业的影响。"

对话模拟（适用于场景化内容）。例如："请模拟一位面试官和求职者的对话，场景是软件工程师的技术面试。"

表格格式（适用于对比信息）。例如："请用表格对比三种常见的机器学习算法，包括它们的优缺点和适用场景。"

无论你需要何种输出形式，都可以在提示词中明确说明，AI 便会按照你的要求组织答案。

第四要素：优化要求——让 AI 进一步调整答案

有时候，AI 的第一轮回答可能不够完美，比如语气太正式、内容太冗长，或者表达方式不符合你的风格。这时，你可以添加优化要求，让 AI 在回答时做出调整。例如，如果你希望 AI 生成的内容更生动，可以这样说："请用生动形象的语言描述，并举一些贴近生活的例子。"如果你希望 AI 提供简洁版的答案，可以补充说明："请控制字数在三百字以内，回答尽量精练。"

结构化提示框架是提升 AI 回答质量的重要方法。优秀的提示词应该包含背景信息、具体需求、输出格式和优化要求四个核心要素，让 AI 更精准地"理解"问题，并提供符合预期的回答。通过这种方式，你可以更高效地使用 DeepSeek。

4.3　动态调整技巧：如何精准引导 AI 生成理想答案

即使掌握了角色设定和结构化提示词技巧，在实际使用 AI 时，你可能仍会遇到一些问题，比如 AI 回答的内容过于冗长、风格不符合你的需求、某些细节不够准确，甚至回答完全偏离了你的问题。这时，你需要运用动态调整技巧，通过引导 AI 逐步优化回答，使其更加精准、符合你的预期。本节将介绍如何通过迭代调整、语气控制、信息补充、风格优化和复杂任务拆解等方法，让 AI 在对话过程中不断完善答案，提高交互的质量和效率。

4.3.1　迭代调整：逐步优化 AI 的回答

AI 并不是一问就能答得完美的工具，而是通过多轮交互不断调整答案。如果 AI 的第一轮回答不够理想，你不必完全重新提问，而是可以基于它的回答进行迭代调整。例如：

第一轮："请介绍量子计算的基本原理。"（AI 给出基础定义）

第二轮："请用简单易懂的语言重新解释，让没有技术背景的人也能理解。"（AI 调整表述方式）

第三轮："请再补充一些实际应用场景，比如医疗和金融领域。"（AI 增加应用案例）

通过这样的方式，你可以不断引导 AI，使回答从粗略到精确，从泛泛而谈到高度契合你的需求。

4.3.2　语气控制：调整 AI 的表达风格

AI 的回答可以是正式的、轻松的、幽默的，甚至是学术化的，而这些都取决于你的引导方式。如果 AI 的语气不符合你的需求，你可以直接要求它改变风格。例如，你可以让 AI 用不同的语气回答同一个问题：

"请用正式且专业的语气解释机器学习的基本概念。"（适用于论文、商业报告）

"请用轻松幽默的方式介绍机器学习，让初学者更容易理解。"（适用于科普文章）

"请用生动的比喻讲解机器学习，就像在给孩子讲故事。"（适用于入门教学）

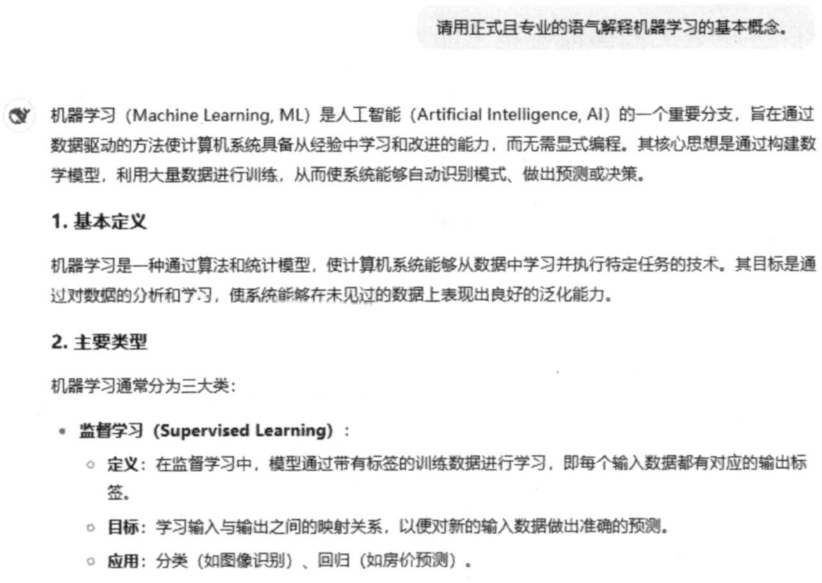

请用正式且专业的语气解释机器学习的基本概念。

机器学习（Machine Learning, ML）是人工智能（Artificial Intelligence, AI）的一个重要分支，旨在通过数据驱动的方法使计算机系统具备从经验中学习和改进的能力，而无需显式编程。其核心思想是通过构建数学模型，利用大量数据进行训练，从而使系统能够自动识别模式、做出预测或决策。

1. 基本定义

机器学习是一种通过算法和统计模型，使计算机系统能够从数据中学习并执行特定任务的技术。其目标是通过对数据的分析和学习，使系统能够在未见过的数据上表现出良好的泛化能力。

2. 主要类型

机器学习通常分为三大类：

- **监督学习（Supervised Learning）：**
  - **定义**：在监督学习中，模型通过带有标签的训练数据进行学习，即每个输入数据都有对应的输出标签。
  - **目标**：学习输入与输出之间的映射关系，以便对新的输入数据做出准确的预测。
  - **应用**：分类（如图像识别）、回归（如房价预测）。

图 4-16　语气控制

不同的语气会让 AI 的回答呈现不同的风格。例如，如果你让 AI 用幽默的方式解释机器学习，它可能会说："机器学习就像是教一只狗玩飞盘。刚开始它啥都不会，你不断给它扔飞盘、给奖励，它慢慢就学会了。"而如果你要求使用正式风格，AI 可能会给出更加严谨的定义和解释。因此，在 AI 生成回答后，如果语气不符合你的需求，你可以直接告诉它"请用更正式的语言表达"或"请调整为更轻松幽默的风格"，AI 就会按照你的指示修改回答方式。

4.3.3　信息补充：让 AI 生成更具体的内容

有时候 AI 的回答过于笼统，缺乏细节，或者没有提供足够的数据支持，这时你可以通过补充问题，使 AI 生成更具体的内容。

例如，你说："请提供关于远程办公生产力的研究数据。"AI 可能会引用相关的调查结果，但如果生成的内容不够深入，你可以继续补充要求，如："请详细说明这个数据来源，并分析其可靠性。"这样 AI 会进一步优化回答。

4.3.4　风格优化：让 AI 的回答更符合你的需求

有时候 AI 生成的内容虽然正确，但表达方式可能并不符合你的使用场景。例如，你希望 AI 帮你写一篇文章，但它的结构太单调，或者内容不够吸引人。这时，你可以要求它调整写作风格，使其更符合你的目标读者。例如：

"请改写这篇文章，使其更适合社交媒体传播，语气要轻松活泼。"（让内容更具互动性）

"请调整这篇文章，使其符合学术论文的标准，增加引用和数据支持。"（让内容更严谨）

"请用更感性的语言改写，让读者产生共鸣。"（让内容更有情感）

请用更感性的语言改写，让读者产生共鸣。

当我们谈论数据时，常常会陷入冰冷的数字和复杂的分析中，但数据背后，其实是一个个真实的故事、一个个鲜活的人生。让我们以LinkedIn的《2020年新兴职业报告》为例，试着用更感性的语言去理解它，去感受它背后的意义。

1. 数据来源的故事

想象一下，LinkedIn，这个全球最大的职业社交平台，就像一个巨大的职业舞台，上面有无数人在书写自己的职业故事。每一个用户的工作经历、技能标签、职业选择，都是这个舞台上的一幕幕场景。2020年，LinkedIn从这些真实的职业轨迹中提取了数据，编织成了一份关于新兴职业的报告。它不仅仅是一堆数字，而是无数人职业梦想的缩影。

2. 数据背后的情感

当我们看到报告中提到"AI专家和数据科学家的需求增长了74%和37%"时，不要只看到冰冷的百分比。想象一下，这背后是多少人为了适应未来的职业世界，日夜学习新技能，努力转型的故事。他们可能是刚刚毕业的大学生，满怀希望地踏入AI领域；也可能是职场老将，勇敢地跳出舒适区，重新定义自己的职业生涯。

这些数字背后，是无数个深夜的坚持，是无数次失败的尝试，也是无数个成功的瞬间。它们告诉我们，未来的职业世界正在发生变化，而每一个愿意学习和适应的人，都有机会在这场变革中找到自己的位置。

图 4-17 风格优化

4.3.5 复杂任务拆解：让 AI 更好地完成多步骤任务

有些任务本身比较复杂，AI 在一次回答中可能无法完美执行所有要求。比如，你希望 AI 帮助你写一份市场分析报告，涉及多个方面，包括行业趋势、竞争分析、市场预测等。

如果你一次性让 AI 生成整篇报告，它可能会给出内容质量参差不齐的结果，某些部分可能会缺乏深度。因此，拆解任务是提高 AI 生成质量的重要技巧。

你可以让 AI 分阶段完成任务。例如：

第一步："请分析当前市场上新能源汽车的主要竞争对手。"

第二步："请预测未来五年新能源汽车市场的增长趋势。"

　　第三步："请结合前两个回答，总结出新能源汽车市场的主要发展方向，并写成一篇市场分析报告。"

　　这样，AI 就能逐步深入分析，并在最后整合所有信息，使最终输出的报告更加完整、合理。

　　任务拆解法同样适用于写作、项目规划、学习路线制定等场景。例如，你想让 AI 帮助你制订一个六个月的英语学习计划，你可以告诉它："请提供一个详细的英语学习路径，包括词汇、阅读、写作和听力的练习安排。"然后逐步要求它细化每个部分，最终得到一个更完整的学习方案。

请提供一个详细的英语学习路径，包括词汇、阅读、写作和听力的练习安排。

☜ 英语学习路径 (详细版)

阶段一：基础阶段 (约3个月)

目标: 掌握基础词汇和语法，建立英语学习兴趣和信心。

1. 词汇:

- **每日目标:** 20-30个新单词
- **学习资源:**
  - 手机APP: 百词斩、墨墨背单词、Quizlet
  - 单词书:《四级词汇词根+联想记忆法》、《Word Power Made Easy》
- **学习方法:**
  - 结合例句和图片记忆单词
  - 利用词根词缀记忆单词
  - 定期复习已学单词 (例如使用艾宾浩斯记忆曲线)

图 4-18　给出初步框架

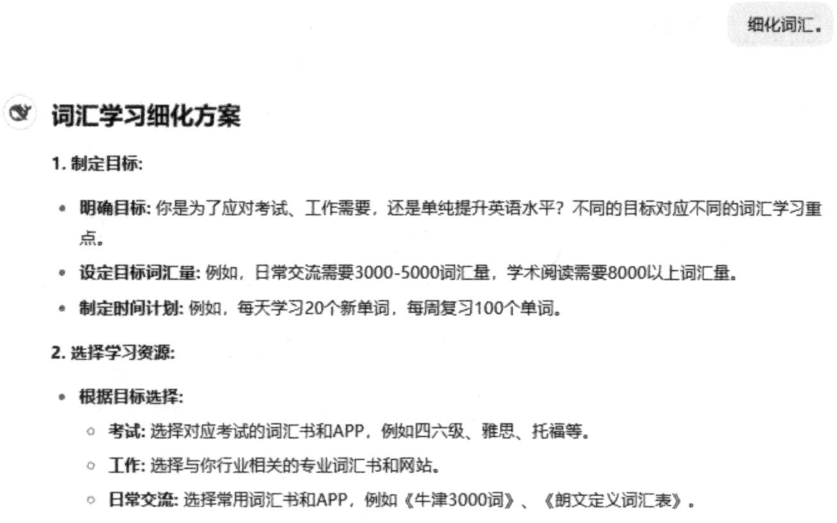

细化词汇。

词汇学习细化方案

1. 制定目标:

- **明确目标:** 你是为了应对考试、工作需要,还是单纯提升英语水平? 不同的目标对应不同的词汇学习重点。
- **设定目标词汇量:** 例如,日常交流需要3000-5000词汇量,学术阅读需要8000以上词汇量。
- **制定时间计划:** 例如,每天学习20个新单词,每周复习100个单词。

2. 选择学习资源:

- **根据目标选择:**
    - **考试:** 选择对应考试的词汇书和APP,例如四六级、雅思、托福等。
    - **工作:** 选择与你行业相关的专业词汇书和网站。
    - **日常交流:** 选择常用词汇书和APP,例如《牛津3000词》、《朗文定义词汇表》。

图 4-19　细化方案

　　动态调整技巧是提升 AI 交互质量的关键方法之一。DeepSeek 的强大之处不仅在于它能提供信息,更在于它可以根据你的需求进行不断优化,而优化的关键就在于你如何引导它。

第 5 章　特色功能全景应用

5.1　持续对话记忆管理：让 AI 记住你的需求

在使用 AI 进行对话时，很多用户都会遇到一个问题：AI 似乎很"健忘"。你可能刚刚和 AI 讨论过一个项目计划，但当你换一个话题再回到原来的问题时，它已经忘得一干二净。这种"短时记忆"现象让 AI 变得像是一个不太称职的助理，每次交谈都像是从零开始。那么，DeepSeek 是否具备持续对话记忆的能力？如何让 AI 记住你的需求，而不是每次都要重新解释？本节将深入解析 AI 的记忆管理机制，并教你一些实用的技巧，让 AI 在对话中保持连贯性，提高交互体验。

5.1.1　AI 的记忆特性：为什么它会"健忘"？

AI 的记忆和人类的记忆完全不同。人类可以在一天甚至几年后仍然记得某些对话的内容，并且能够在不同场景下灵活调用这些记忆。而目前的大多数 AI，包括 DeepSeek，在默认状态下并不具备长期记忆能力。它每次处理对话时，通常只能记住当前对话窗口内的信息，而无法自动回忆起更早的交流内容。这种"短时记忆"特性导致了很多用户的不便，比如：

你让 AI 帮你写了一篇文章的开头，接着讨论了其他事情，等回过头让它续写时，它完全不记得之前的内容，只能凭空编写新的段落。

你使用 AI 制订了一个学习计划，但第二天继续聊天时，它完全不记得你前一天的目标，只能重新生成新的计划。

你向 AI 介绍了一个复杂的概念，并且详细解释了你的需求，但换个话题后，它再也想不起你的具体要求。

这些问题本质上是因为 AI 不是在"思考"你的问题，而是每次都在计算一个新的回答。虽然 DeepSeek 具备一定的上下文处理能力，但它不像人类那样能够真正存储信息并长期回忆。因此，如果你希望 AI 在对话中保持记忆，就需要使用一些特定的方法来帮助它"假装"有记忆。

5.1.2 让 AI 记住你们的对话：四种方法

方法一：在每次对话中主动提醒 AI

如果 AI 在新的对话中丢失了之前的信息，你可以通过主动提醒的方式让它"回忆"相关内容。例如，你前一天让 AI 帮你制订了一份市场营销计划，第二天你想继续完善这个计划，而 AI 似乎已经忘记了，你可以这样输入：

"昨天你帮我制订了一份市场营销计划，内容包括社交媒体推广和线下活动策划。现在，我希望你帮我优化其中的预算分配部分。"

昨天你帮我制订了一份市场营销计划，内容包括社交媒体推广和线下活动策划。现在，我希望你帮我优化其中的预算分配部分。

好的！为了优化市场营销计划中的预算分配，我们需要根据目标、渠道效果和资源投入进行合理调整。以下是一个优化后的预算分配方案，假设总预算为 **10万元**。

优化后的预算分配

1. 社交媒体推广 (60% - 6万元)

社交媒体是低成本高回报的渠道，适合精准投放和快速触达目标用户。

- **细分预算**:
  - 广告投放 **(40% - 2.4万元)**：
    - 用于Facebook、Instagram、微信、微博等平台的精准广告投放。
    - 根据目标用户画像选择平台，例如年轻人集中在Instagram和小红书，职场人群集中在LinkedIn和微信。

图 5-1 主动提醒

这样，AI 就能基于你的描述重新建立上下文，并继续深入优化计划，而不是重新生成一份新的方案。你可以用类似的方法，让 AI 记住你曾经告诉它的内容，例如："之前我们讨论过一个关于新能源市场的研究，你认为最重要的趋势是什么？"这样 AI 便能基于之前的讨论提供连贯的回答。

方法二：使用结构化对话，让 AI 形成记忆链

如果你的对话较复杂，涉及多个层次的内容，可以使用结构化提示，让 AI 形成逻辑链条，从而提高记忆连贯性。例如，在与 AI 进行多轮讨论时，可以按照"总结—提问—深化"的方式进行：

让 AI 总结当前对话："请总结我们刚才的讨论要点。"

在下一步提问时，引用 AI 给出的总结："基于你刚才总结的内容，我想进一步探讨用户增长策略。"

基于你刚才总结的内容，我想进一步探讨用户增长策略。

好的！用户增长策略是市场营销中的核心部分，尤其是在预算有限的情况下，需要精准分配资源以实现最大化的增长效果。以下是一些常见的用户增长策略，结合你的需求，我们可以进一步优化：

1. 社交媒体推广优化

社交媒体是用户增长的重要渠道，尤其是在预算有限的情况下，可以通过以下方式提升效果：

- **精准投放广告**：根据目标受众的兴趣、行为和 demographics，优化广告投放策略。例如，使用 Facebook Ads 或 Instagram Ads 的定向功能，确保广告触达潜在用户。
- **内容营销**：制作高质量、有吸引力的内容（如短视频、图文、用户故事等），吸引用户主动分享和互动。
- **KOL/网红合作**：与行业相关的 KOL（关键意见领袖）或微网红合作，利用他们的粉丝基础快速扩大品牌曝光。
- **社交互动活动**：通过举办线上活动（如抽奖、挑战赛、问答等）提高用户参与度，并鼓励用户分享以形成裂变效应。

预算分配建议：

- 将社交媒体预算的 60% 用于精准广告投放。
- 20% 用于内容制作（如视频、图文设计）。
- 20% 用于 KOL 合作或社交互动活动。

图 5-2　结构化对话

让 AI 在新的回答中引用先前的总结，可以形成连续的逻辑链，而不会让 AI 偏离主题。

这种方式适用于长时间的讨论，比如在进行商业策划、写作指导、项目管理等任务时，可以通过让 AI 反复总结和引用过去的内容，使其在短期内保持一定程度的"记忆"。

方法三：使用历史记录，手动恢复上下文

DeepSeek 具有历史对话记录功能，你可以随时回顾之前的交流内容，并手动复制粘贴关键部分，让 AI 在新的对话中继续讨论。例如，你在与 AI 进行剧本创作时，已经生成了角色设定和背景故事，

但第二天 AI 可能已经忘记了。此时，你可以回到历史记录中，复制之前的角色设定，然后在新的对话中这样输入：

"这是我们之前讨论的角色设定：[粘贴角色设定]。现在，我希望你基于这个角色写一段对话。"

这样，AI 便能立刻"恢复记忆"，并在已有设定的基础上继续创作。这种方法虽然需要手动操作，但它是目前让 AI 维持记忆的最可靠方式，特别适用于长期进行某个任务的用户，例如小说创作、研究报告撰写等。

方法四：分阶段做摘要，让 AI 记住关键点

在涉及复杂项目时，你可以让 AI 在每个阶段都生成一个摘要，以便后续使用。例如，你正在让 AI 帮助你制订一个六个月的健身计划，而你希望在每个阶段进行调整。你可以让 AI 先生成一个初步的计划，并在每个阶段进行总结，例如：

"请总结当前的健身计划，并列出前三个月的重点目标。"

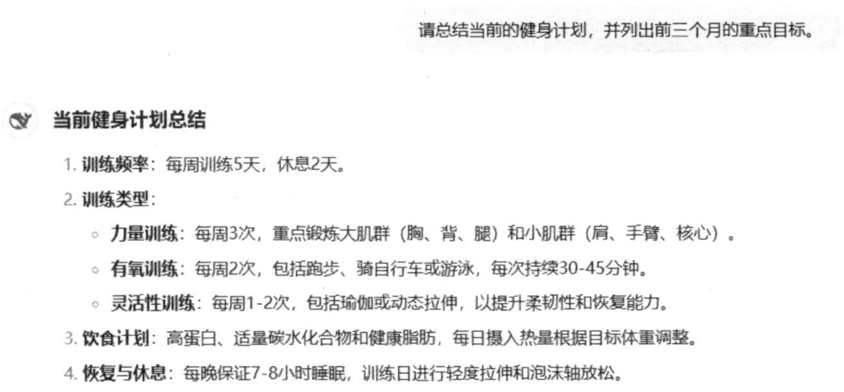

请总结当前的健身计划，并列出前三个月的重点目标。

当前健身计划总结

1. **训练频率**：每周训练5天，休息2天。
2. **训练类型**：
   ○ **力量训练**：每周3次，重点锻炼大肌群（胸、背、腿）和小肌群（肩、手臂、核心）。
   ○ **有氧训练**：每周2次，包括跑步、骑自行车或游泳，每次持续30-45分钟。
   ○ **灵活性训练**：每周1-2次，包括瑜伽或动态拉伸，以提升柔韧性和恢复能力。
3. **饮食计划**：高蛋白、适量碳水化合物和健康脂肪，每日摄入热量根据目标体重调整。
4. **恢复与休息**：每晚保证7-8小时睡眠，训练日进行轻度拉伸和泡沫轴放松。

图 5-3　分阶段做摘要

然后在未来的对话中，你可以重新引用这个总结，让 AI 在已有的基础上继续优化。例如，你可以输入：

"这是我们之前讨论的前三个月健身计划：[粘贴总结]。现在请根据我的新需求，调整后续三个月的训练方案。"

这样，AI 便不会忘记前面讨论的内容，而是能够基于现有计划进行优化。

5.1.3　记忆管理的实际应用场景

记忆管理在很多应用场景中都非常有用。例如，在写作过程中，可以让 AI 记住文章的整体框架，在不同部分进行扩展；在编程时，可以让 AI 记住你的代码结构，帮助你优化和调试；在商业分析中，可以让 AI 逐步积累市场数据，并基于前面的分析提供更深入的建议。

对于长期研究型任务，比如写论文、市场调查、项目管理等，可以通过让 AI 反复总结、手动引用历史记录、结构化对话等方式，让 AI 在更长时间内"记住"关键点，从而避免每次重新开始。

5.2　知识库定向调优：让 AI 回答更精准、更符合你的需求

在使用 DeepSeek 时，你可能会发现，AI 的回答虽然有逻辑，但有时候并不能完全匹配你的需求。例如，你希望 AI 根据某本专业书籍回答问题，但它提供的答案却是基于通用知识；或者你想让 AI 结合企业内部资料进行分析，但它的回答并没有包含你提供的信息。这时候，你就需要使用知识库定向调优的方法，让 AI 在你的特定信

息范围内进行推理，而不是仅仅依赖它的通用知识。

知识库定向调优的本质是让 AI 使用特定的资料作为信息来源，从而使它的回答更精准、更符合你的专业需求。本节将介绍如何通过提供背景材料、精准设定上下文、引导 AI 关联已有信息等方法，让 AI 在你的知识库范围内进行回答，而不是随意编造或给出过于宽泛的答案。

5.2.1　为什么 AI 需要知识库定向调优？

AI 并不像人类一样能够"学习"新知识，而是基于已有的训练数据进行推理。DeepSeek 拥有广泛的知识储备，但它并不一定了解你所在的行业、你的企业内数据、你的个人研究领域，甚至对最新的技术发展的了解也可能滞后。如果你希望 AI 结合你的特定领域知识进行回答，你就需要告诉 AI 这些信息，并引导它在这些信息范围内进行推理。

知识库定向调优可以解决以下问题：

让 AI 参考你的特定资料：如果你是一名医生，你可能希望 AI 只基于最新的医学研究论文回答问题，而不是提供普通科普级别的答案。

提高 AI 回答的专业性：如果你在某个领域有深入研究，你可以让 AI 在你的论文、报告或研究资料的基础上进行分析，而不是基于互联网的普通资料回答。

避免 AI 胡编乱造：如果 AI 不知道某个问题的答案，它可能会"合理编造"一个看似可信的回答。知识库定向调优可以让 AI 只基于你提供的信息回答，从而降低错误率。

5.2.2　如何让 AI 只基于特定知识库回答问题？

要让 AI 在你的知识库范围内进行回答，有以下几个方法：

方法一：提供具体的背景材料

AI 的默认知识库虽然庞大，但它无法主动访问你的私人资料。因此，如果你希望 AI 在某些特定的信息范围内进行回答，你需要直接提供相关的材料。例如，如果你在研究一项新技术，你可以这样输入：

"以下是我整理的关于量子计算的最新研究资料：[粘贴研究内容]。请根据这些资料，分析未来五年量子计算可能的发展趋势。"

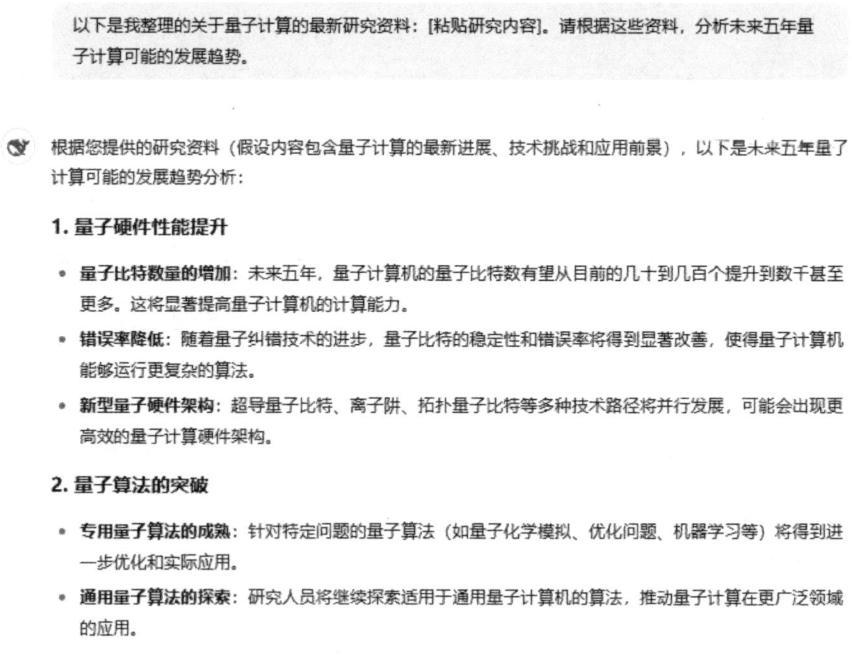

以下是我整理的关于量子计算的最新研究资料：[粘贴研究内容]。请根据这些资料，分析未来五年量子计算可能的发展趋势。

根据您提供的研究资料（假设内容包含量子计算的最新进展、技术挑战和应用前景），以下是未来五年量子计算可能的发展趋势分析：

1. 量子硬件性能提升

- **量子比特数量的增加**：未来五年，量子计算机的量子比特数有望从目前的几十到几百个提升到数千甚至更多。这将显著提高量子计算机的计算能力。
- **错误率降低**：随着量子纠错技术的进步，量子比特的稳定性和错误率将得到显著改善，使得量子计算机能够运行更复杂的算法。
- **新型量子硬件架构**：超导量子比特、离子阱、拓扑量子比特等多种技术路径将并行发展，可能会出现更高效的量子计算硬件架构。

2. 量子算法的突破

- **专用量子算法的成熟**：针对特定问题的量子算法（如量子化学模拟、优化问题、机器学习等）将得到进一步优化和实际应用。
- **通用量子算法的探索**：研究人员将继续探索适用于通用量子计算机的算法，推动量子计算在更广泛领域的应用。

图 5-4　提供背景资料

这种方式的核心在于让 AI 只基于你提供的资料回答，而不是依赖它的通用知识。如果你不提供背景材料，AI 可能会基于已有的公开信息生成回答，而这些信息可能并不准确或已经过时。

方法二：引导 AI 关联已有信息

有时候，你可能已经和 AI 讨论过某个话题，并提供了大量背景信息，但 AI 在后续回答中却没有很好地关联这些信息。这时，你可以直接告诉它参考前面的内容。例如：

"我们之前讨论过 XYZ 产品的市场定位，你的分析是 XYZ 适合年轻用户群体。请基于这个结论，进一步分析该产品在社交媒体营销上的最佳策略。"

> 我们之前讨论过 XYZ 产品的市场定位，你的分析是 XYZ 适合年轻用户群体。请基于这个结论，进一步分析该产品在社交媒体营销上的最佳策略。

基于 XYZ 产品适合年轻用户群体的市场定位，社交媒体营销策略应围绕年轻人的兴趣、行为习惯和平台偏好进行设计。以下是针对 XYZ 产品的社交媒体营销最佳策略：

1. 选择合适的社交媒体平台

- **重点平台**：年轻用户活跃的平台包括 Instagram、TikTok、YouTube、Snapchat 和 Twitter (X)。优先选择这些平台进行内容投放。
- **平台特性匹配**：
  - **TikTok**：适合短视频创意内容，利用病毒式传播吸引年轻用户。
  - **Instagram**：通过高质量的图片、短视频和 Stories 展示产品，吸引注重视觉体验的用户。
  - **YouTube**：适合长视频内容，如产品测评、教程或品牌故事。
  - **Snapchat**：利用 AR 滤镜和限时内容与用户互动，增强品牌趣味性。

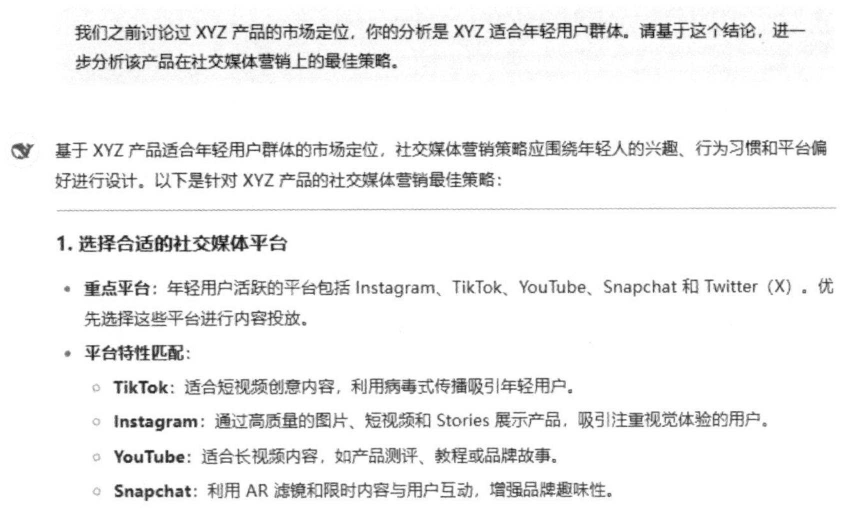

图 5-5　引导关联信息

这样，AI 就不会偏离原来的讨论，而是会继续基于之前的分析提供更深入的建议。这种方法特别适用于长时间讨论某个话题的情况，比如市场分析、研究论文撰写、长期项目管理等。

方法三：限制 AI 的回答范围

如果你不希望 AI 生成过于宽泛的答案，而是只在特定范围内进行回答，你可以明确告诉它回答的边界。例如：

"请以 2023 年的行业数据进行分析，不要使用任何 2023 年之前的数据。"

"请基于以下三篇论文进行回答，不要引用其他来源。"

"请以我的研究数据作为唯一参考，不要使用外部的公开数据。"

这种方式可以有效防止 AI 在回答中加入不相关的信息，使回答更加精准。

5.2.3　知识库定向调优的高级应用

除了提供背景材料、引导 AI 关联已有信息和限制回答范围外，还有一些更高级的方法可以让 AI 在特定的知识库范围内进行推理。

应用一：让 AI 充当你的文献分析助手

如果你正在研究某个学术领域，你可以让 AI 充当你的文献分析助手。例如，你可以输入：

"以下是五篇关于深度学习在医学影像中的应用的论文摘要：[粘贴论文摘要]。请基于这些论文摘要总结目前深度学习在医学影像分析中的主要趋势，并提出可能的研究方向。"

AI 会基于你的输入进行分析，而不会随意加入它自己的理解。这样，你可以快速得到一份系统的文献综述，而不需要手动阅读大量论文。

应用二：让 AI 分析公司或行业内部数据

如果你希望 AI 结合你的企业内部数据进行分析，你可以提供相关资料，并要求它只基于这些数据回答。例如，你可以输入：

"以下是我们公司 2023 年的销售数据：[粘贴数据]。请基于这些数据分析本年度销售增长的主要驱动因素，并给出 2024 年的市场预测。"

这样，AI 就不会使用公开的市场数据，而是专门分析你提供的数据，使回答更具针对性。

以下是我们公司 2023 年的销售数据：[粘贴数据]。请基于这些数据分析本年度销售增长的主要驱动因素，并给出 2024 年的市场预测。

为了分析 2023 年销售增长的主要驱动因素，并给出 2024 年的市场预测，我们需要对销售数据进行详细分析。以下是基于假设数据的分析框架和预测方法：

2023 年销售增长的主要驱动因素分析

1. 按产品类别分析

- **高增长产品**：识别销售额增长最快的产品类别，分析其增长原因（如市场需求增加、产品创新、定价策略等）。
- **低增长或负增长产品**：找出表现不佳的产品类别，分析其下滑原因（如市场竞争、产品生命周期、客户偏好变化等）。

2. 按渠道分析

- **线上 vs 线下**：比较线上和线下渠道的销售表现，确定哪种渠道贡献了主要增长。
- **细分渠道**：分析具体渠道（如电商平台、自有官网、零售店）的表现，识别高增长渠道。

3. 按地区分析

- **高增长地区**：识别销售额增长最快的地区，分析其增长原因（如市场渗透率提高、区域营销活动成功等）。
- **低增长地区**：找出表现不佳的地区，分析其问题（如市场竞争激烈、经济环境不佳等）。

图 5-6　内部数据分析

应用三：让 AI 生成基于特定知识库的报告

如果你需要撰写一份关于某个领域的报告，而你希望 AI 只基于特定的知识库进行内容生成，你可以这样引导它：

"请使用以下三篇行业报告作为唯一参考资料：[粘贴报告摘要]。基于这些资料，撰写一份关于全球可再生能源市场趋势的分析报告。"

这种方法特别适用于行业研究、政策分析、市场预测等需要高度精准信息的场景。

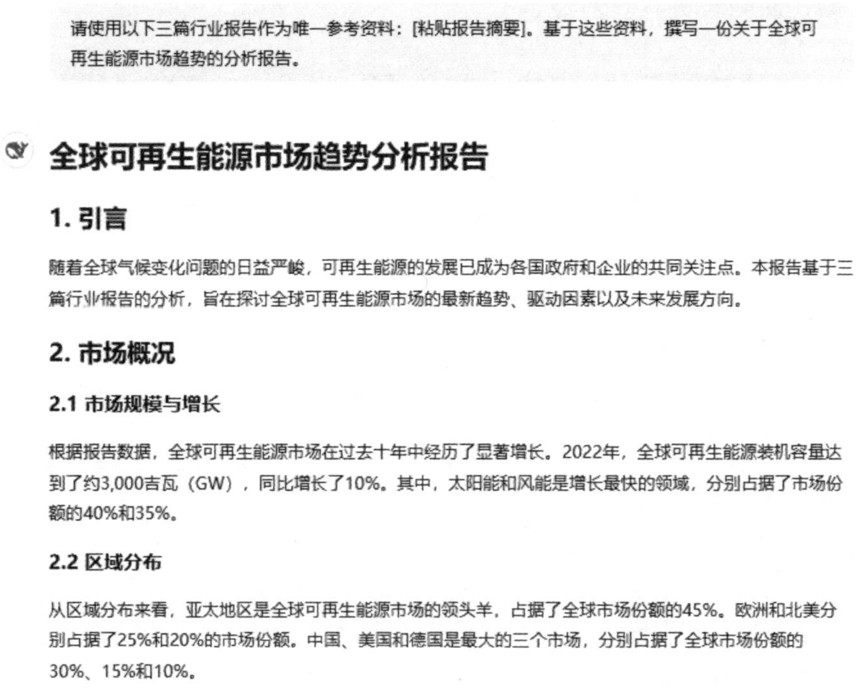

> 请使用以下三篇行业报告作为唯一参考资料：[粘贴报告摘要]。基于这些资料，撰写一份关于全球可再生能源市场趋势的分析报告。

✿ 全球可再生能源市场趋势分析报告

1. 引言

随着全球气候变化问题的日益严峻，可再生能源的发展已成为各国政府和企业的共同关注点。本报告基于三篇行业报告的分析，旨在探讨全球可再生能源市场的最新趋势、驱动因素以及未来发展方向。

2. 市场概况

2.1 市场规模与增长

根据报告数据，全球可再生能源市场在过去十年中经历了显著增长。2022年，全球可再生能源装机容量达到了约3,000吉瓦（GW），同比增长了10%。其中，太阳能和风能是增长最快的领域，分别占据了市场份额的40%和35%。

2.2 区域分布

从区域分布来看，亚太地区是全球可再生能源市场的领头羊，占据了全球市场份额的45%。欧洲和北美分别占据了25%和20%的市场份额。中国、美国和德国是最大的三个市场，分别占据了全球市场份额的30%、15%和10%。

图 5-7　特定知识库

5.3　多步骤任务分解：让 AI 高效完成复杂任务

在日常使用 DeepSeek 时，你可能经常遇到一些任务，它们并不是简单的一问一答可以解决的，而是涉及多个步骤、多个环节，甚至需要 AI 进行推理、计算、整合信息。这时候，就需要使用多步骤任务分解的技巧，把复杂任务拆解成更小的可执行部分，引导 AI 逐步完成，从而获得更高质量的答案。这部分内容在 4.3 中已有涉及，这里具体展开来说。

5.3.1　为什么要进行任务分解？

AI 处理信息的方式是基于文本模式匹配和概率计算，它擅长总结、归纳、改写、推理，但并不能像人类一样真正理解复杂任务的全局概念。因此，如果你直接抛出一个庞大的任务，AI 可能会因为信息量过大、逻辑链条过长而难以给出高质量的回答。例如，如果你让 AI 一次性生成一份完整的"创业融资提案"，它可能会提供一个大致的模板，但其中的细节，比如市场分析、商业模式、竞争优势等，可能会比较浅显，缺乏深入的研究。

通过任务分解，你可以让 AI 按照由简到繁、由局部到整体的方式，一步步构建完整的答案。例如，在撰写"创业融资提案"时，你可以先让 AI 完成市场分析部分，然后再进行商业模式设计，接着再撰写财务预测部分，最后再整合成一份完整的提案。这样，每个部分的内容都更有深度，最终输出的成品也更符合实际需求。

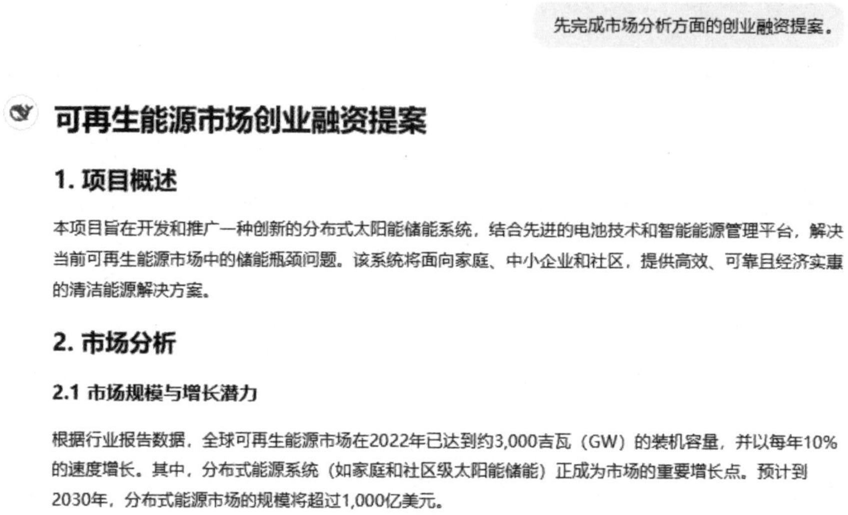

先完成市场分析方面的创业融资提案。

🐦 可再生能源市场创业融资提案

1. 项目概述

本项目旨在开发和推广一种创新的分布式太阳能储能系统，结合先进的电池技术和智能能源管理平台，解决当前可再生能源市场中的储能瓶颈问题。该系统将面向家庭、中小企业和社区，提供高效、可靠且经济实惠的清洁能源解决方案。

2. 市场分析

2.1 市场规模与增长潜力

根据行业报告数据，全球可再生能源市场在2022年已达到约3,000吉瓦（GW）的装机容量，并以每年10%的速度增长。其中，分布式能源系统（如家庭和社区级太阳能储能）正成为市场的重要增长点。预计到2030年，分布式能源市场的规模将超过1,000亿美元。

图 5-8　任务分解

5.3.2　如何有效地拆解复杂任务？

要让 AI 高效完成一个复杂任务，你需要按照以下步骤进行拆解：

第一步：明确任务的核心目标

在拆解任务之前，你需要首先确定任务的最终目标。例如，你想让 AI 帮你制订一个"六个月的英语学习计划"，那么你的目标可能是达到可以流利阅读英文文章的水平。有了这个目标，你就可以在拆解任务时，确保每个步骤都是围绕这个目标展开的，而不会偏离方向。

第二步：将任务拆分为多个小步骤

任务拆解的核心在于，把一个大任务划分为多个小任务，每个小任务都可以独立完成，并且可以逐步累积成最终的答案。例如，如果你希望 AI 帮你撰写一份"科技创业商业计划书"，你可以拆分为以下几个步骤：

市场分析："请分析当前科技行业的主要发展趋势，并列举三项最新的技术创新。"

商业模式："请根据市场趋势，构建一个适合科技初创公司的商业模式，并说明盈利方式。"

竞争分析："请分析当前市场上的主要竞争对手，并评估他们的优势与劣势。"

营销策略："请提供一个完整的市场营销方案，涵盖线上和线下推广策略。"

财务预测："请根据商业模式和市场规模，给出未来三年的收入预测。"

最终整合："请将前面所有部分整合成一份完整的商业计划书，并优化逻辑结构。"

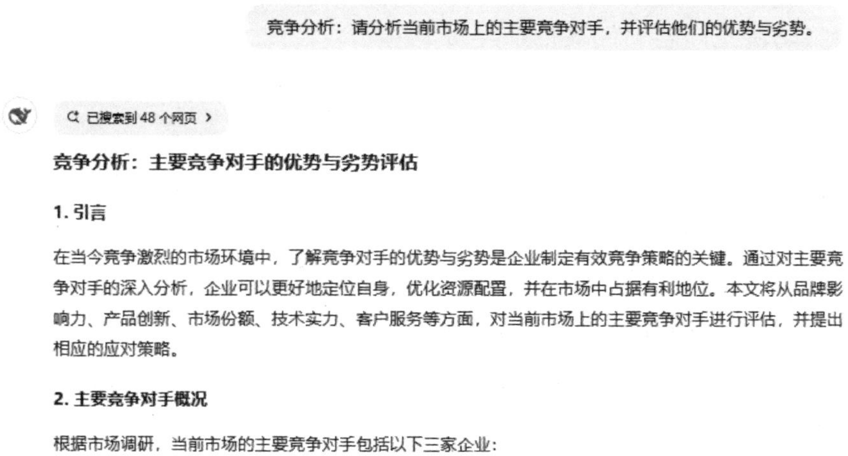

竞争分析：请分析当前市场上的主要竞争对手，并评估他们的优势与劣势。

已搜索到 48 个网页

竞争分析：主要竞争对手的优势与劣势评估

1. 引言

在当今竞争激烈的市场环境中，了解竞争对手的优势与劣势是企业制定有效竞争策略的关键。通过对主要竞争对手的深入分析，企业可以更好地定位自身，优化资源配置，并在市场中占据有利地位。本文将从品牌影响力、产品创新、市场份额、技术实力、客户服务等方面，对当前市场上的主要竞争对手进行评估，并提出相应的应对策略。

2. 主要竞争对手概况

根据市场调研，当前市场的主要竞争对手包括以下三家企业：

图 5-9　拆分为多个小步骤

第三步：使用递进式提问，让 AI 深入思考

在 AI 完成某个步骤后，你可以继续深入挖掘，让它进一步优化回答。例如：

"请给出新能源汽车市场的现状。"（AI 生成基础回答）

"请基于你的回答，分析影响该市场增长的主要因素。"（AI 进一步深入分析）

"请补充一些最新的行业数据，并加入案例支持。"（AI 提供更多事实和案例）

这种方法适用于各种任务，包括市场研究、论文写作、产品策划等，让 AI 在多轮交互中不断优化答案。

5.3.3　信息整合：如何让 AI 组合多个部分的内容？

当 AI 完成了多个独立的小任务后，你需要让它将所有部分整合成一份连贯的内容。你可以直接输入："请将以下内容整合成一篇完整的文章，并优化逻辑结构。"然后粘贴 AI 之前生成的各个部分，它就会自动调整内容，使其更加连贯。

如果你希望 AI 在整合过程中进一步优化内容，你还可以补充一些具体要求，比如：

"请确保内容逻辑连贯，并使用正式的商业写作风格。"

"请增加一个引言部分，并确保每个部分的过渡自然。"

"请用更简洁的语言表达，并删减冗余部分。"

这样，它在整合内容时，不仅会组合信息，还会对整体结构进行优化，使最终的成品更加符合你的预期。

5.3.4 多步骤任务分解的应用场景

多步骤任务分解可以应用于各种复杂任务，例如：

写作：撰写长篇文章、研究报告、商业计划书时，先拆解各个部分，再整合优化。

学习规划：制订一个长时间的学习计划，逐步细化各个阶段的学习内容。

项目管理：将一个复杂的项目拆解为多个任务，让 AI 逐步提供执行方案。

编程与算法设计：让 AI 逐步编写代码，并优化不同模块的逻辑。

无论你的需求是工作、学习还是创作，任务分解技巧都可以将 AI 的能力最大化，让它更高效地协助你完成复杂任务。

5.4 结果迭代优化技巧：让 AI 生成更精准、更高质量的答案

在与 AI 互动的过程中，你可能经常遇到这样的情况：AI 的第一轮回答并不完美，可能信息不够准确、逻辑不够清晰、表达不够生动，或者风格不符合你的需求。这并不意味着 AI 不够智能，而是因为 AI 本质上是基于概率预测来生成答案的，它无法一次性完美地匹配你的需求。幸运的是，你可以通过结果迭代优化的技巧，让 AI 在多轮交互中不断优化答案，使其最终达到理想的效果。关于迭代优化，4.3 中已有涉及，本节将具体讲述如何通过让 AI 反复调整内容、优化逻辑结构、丰富表达方式、修正错误信息等方法，帮助你充分利用 AI。

5.4.1　为什么需要结果迭代优化?

AI 的回答是基于你提供的输入生成的,但有时候,即使你的提示词已经很明确,AI 仍然可能给出不符合预期的答案。这时候,最好的做法不是重新输入问题,而是基于 AI 生成的答案进行迭代优化,逐步引导 AI 修正、补充和调整内容。

通过迭代优化,你可以:

·调整语气和风格,让 AI 的回答更符合你的使用场景。

·增加细节,让 AI 提供更具体、更深入的信息。

·优化逻辑结构,让内容更加连贯、易读。

·减少错误和歧义,确保 AI 的回答准确可靠。

5.4.2　如何迭代优化 AI 的回答?

迭代优化的关键在于逐步调整、精确引导,以下是几种有效的方法:

方法一: 让 AI 重新表述或调整风格

如果 AI 生成的内容符合主题,但风格不符合你的需求,你可以直接要求 AI 进行调整。例如,你让 AI 解释"机器学习的基本概念",但它的回答过于学术化,而你希望它用更通俗的方式表达,可以这样优化:

原始请求:"请解释机器学习的基本概念。"

AI 回答:"机器学习是一种基于统计和数学模型的算法集合,它允许计算机自动识别模式并进行预测,主要依赖于训练数据集和优化函数……"(过于学术化)

优化请求："请用通俗易懂的语言解释，让没有技术背景的人也能理解。"

AI 迭代优化："想象一下，你在教一只宠物狗捡球。每次你扔出球，它试着去找到并捡回来。如果它做对了，你就奖励它。如果它做错了，你就再试一次。机器学习的原理就是这样，计算机通过不断尝试和调整，最终学会完成任务。"

这种方式可以让 AI 在原有的回答基础上调整语言风格，使其更加符合你的目标受众。

方法二：要求 AI 补充细节，让回答更有深度

AI 的回答有时候会显得过于概括，缺乏实际数据或案例支持。此时，你可以让 AI 进一步补充细节。例如，你让 AI 介绍 "5G 技术的优势"，但它只是列举了一些基本特点，而没有提供具体的案例或数据，你可以这样优化：

原始请求："请介绍 5G 技术的优势。"

AI 回答："5G 具有更快的传输速度、更低的延迟和更大的连接容量，使其成为未来通信技术的核心。"

优化请求："请提供具体数据支持，例如 5G 在速度和延迟方面与4G 的对比。"

AI 迭代优化："相比于 4G 网络的平均下载速度（约 100Mbps），5G 网络的峰值速率可达到 10Gbps，是 4G 的百倍以上。此外，5G 的延迟可低至 1 毫秒，而 4G 的延迟通常在 30 毫秒左右，这使得 5G 更适用于自动驾驶、远程手术等对实时性要求极高的场景。"

这样，可以让 AI 的回答更加具体，避免泛泛而谈，使其内容更具权威性和可参考性。

方法三：优化逻辑结构，让内容更有条理

有时候，AI 生成的内容虽然信息丰富，但逻辑混乱，缺乏清晰的结构。这时，你可以要求 AI 调整逻辑顺序，使其更具条理性。例如，你让 AI 撰写一篇关于"人工智能对就业市场影响"的文章，但它的回答是无序的，你可以这样优化：

原始请求："请分析人工智能对就业市场的影响。"

AI 回答："……"（信息丰富但逻辑混乱）

优化请求："请按照以下结构重新组织回答：1. 影响的主要领域；2. 可能带来的挑战；3. 解决方案。"

AI 迭代优化："……"（重新按照指定结构组织内容，使文章更有层次感，便于阅读和理解）。

5.4.3 高级迭代优化技巧

除了基本的调整方法，还有一些更高级的优化技巧，可以进一步提高 AI 生成内容的质量。

技巧一：要求 AI 生成多个版本进行对比

如果你不确定哪种表达方式更适合，你可以让 AI 提供多个版本进行对比。例如，你可以输入：

"请提供两种不同风格的开头，一种正式，一种幽默。"

请提供两种不同风格的开头，一种正式，一种幽默。

好的！以下是两种不同风格的开头示例，分别以正式和幽默的方式展开：

正式风格开头：

在当今快速发展的社会中，[主题]已成为人们关注的焦点。无论是从经济、文化还是科技的角度来看，[主题]都扮演着至关重要的角色。本文旨在深入探讨[主题]的核心内涵、发展现状及其对未来社会的影响，以期为读者提供全面的理解和思考。

幽默风格开头：

你有没有想过，[主题]就像是你生活中的那个"神秘嘉宾"——它总是在你最意想不到的时候出现，然后悄悄改变一切？比如，当你正享受着悠闲的周末，突然意识到[主题]已经悄无声息地影响了你的生活。今天，我们就来揭开[主题]的"神秘面纱"，看看它到底是个"天使"还是"捣蛋鬼"！

如果您能提供具体的主题或内容，我可以为您进一步调整和优化！

图 5-10　多个版本对比

这样，你可以根据自己的需求选择最合适的版本，甚至可以让 AI 进一步优化某个版本。

技巧二：让 AI 进行自我评估和改进

你可以要求 AI 自我评估其回答，并提出改进方案。例如，你可以输入：

"请评估你刚才的回答，找出可能的不足，并给出改进版本。"

AI 会自动分析自己的回答，找出可以优化的地方，并提供一个更好的版本。这种方法适用于需要高质量内容的场景，比如论文写作、商业报告、营销文案等。

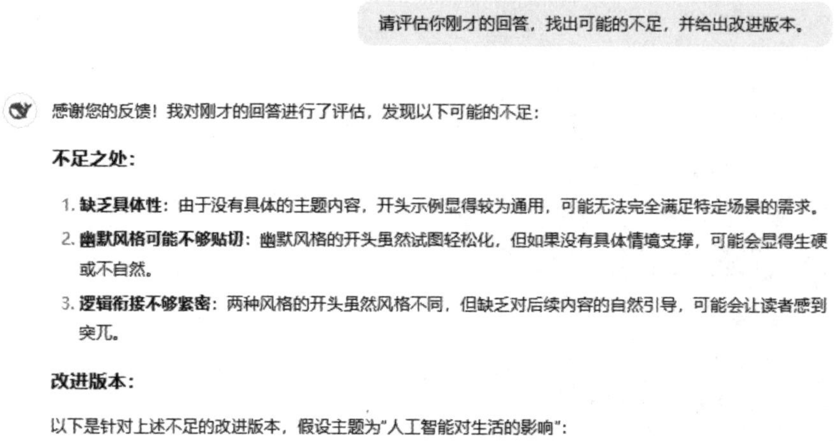

请评估你刚才的回答，找出可能的不足，并给出改进版本。

感谢您的反馈！我对刚才的回答进行了评估，发现以下可能的不足：

不足之处：

1. **缺乏具体性：** 由于没有具体的主题内容，开头示例显得较为通用，可能无法完全满足特定场景的需求。

2. **幽默风格可能不够贴切：** 幽默风格的开头虽然试图轻松化，但如果没有具体情境支撑，可能会显得生硬或不自然。

3. **逻辑衔接不够紧密：** 两种风格的开头虽然风格不同，但缺乏对后续内容的自然引导，可能会让读者感到突兀。

改进版本：

以下是针对上述不足的改进版本，假设主题为"人工智能对生活的影响"：

图 5-11 自我评估和改进

AI 并不完美，但它可以被优化，而优化的关键就在于你如何引导它调整。下一次当 AI 生成的内容不够理想时，不要放弃，试试这些方法吧！

第 6 章　效率场景实战

6.1　学习加速器

6.1.1　文献速读

在学习和研究过程中，文献阅读是必不可少的环节。然而，面对海量的文献资料，传统的阅读方式往往耗时费力，难以快速提取关键信息。尤其是对于学术论文、专业书籍等复杂内容，逐字逐句的阅读不仅效率低下，还容易让人感到疲惫。如何在有限的时间内快速掌握文献的核心内容，成为许多学习者面临的难题。幸运的是，DeepSeek 的文献速读功能为这一问题提供了高效的解决方案。

DeepSeek 可以帮助你快速提取文献中的关键信息，如主要观点、结论和重要数据。通过使用 DeepSeek，你可以在短时间内了解文献的核心内容，而无须逐字逐句地阅读。这不仅节省了时间，还能让你更高效地获取知识。例如，你可以将一篇长篇论文输入DeepSeek 中，它会自动提取出摘要和关键段落，让你快速把握文章的主旨和重点。这样一来，你就可以将更多的时间用于理解和应用这些知识，而不是浪费在烦琐的阅读过程中。

下面将为大家进行"文献速读"演示：先介绍操作过程，再通过

"新闻报道"案例进行实操展示,然后是参数设置部分,为大家演示提示词的重要性,帮助大家提升效率。

表 6-1　文献速读操作过程

步骤	具体操作
第一步: 准备文献材料	选择一篇目标文献,如学术论文、行业报告或新闻报道文章。
第二步: 输入文献内容	将文献的标题、摘要或关键段落输入 DeepSeek 中。
第三步: 设置参数	调整"摘要长度"参数(如 100 字、200 字)和"重点突出"参数(如高、中、低)。
第四步: 生成速读结果	点击"生成"按钮,DeepSeek 将快速提取文献的核心内容并生成摘要。

表 6-2　新闻报道速读案例

文献:一篇关于气候变化的新闻报道。
操作:输入报道的标题和内容,设置摘要长度为 60 字,重点突出为"中"。
结果:生成的摘要突出了报道的核心观点和主要数据。

1. 新闻稿原稿

全国天气概况:近七天天气剧烈变幻,极端天气频发。

近七天,全国天气呈现出极为反复的变化,各地迎来突变式天气,极端天气事件频发,给日常生活和生产活动带来显著影响。

从 7 月初到 7 月中旬,全国多地经历了大范围的天气突变。东部沿海地区多次受到台风影响,部分地区连续多日出现强降雨,导致山洪、泥石流等自然灾害。与此同时,西部高原地区创下本季度新高温,多地达 40 ℃以上,高原地区的生态环境受到严重威胁。

中部地区天气转变为多云至多雨,部分地区出现了连续降雨量超过 200 毫米的极端降雨,导致洪水频发、农作物受损。南部地区则呈现出明显的降雨与干燥交替,部分地区出现了强降雨后即转为高温天气的反常现象。

气象部门指出,未来一两天内,全国天气将继续呈现出大范围的天气波动,部分地区可能再次出现强降雨或极端高温天气。

续表

> 　　专家建议，各地民众在户外活动时需注意防暑防雨，关注天气预报，做好防范准备。
>
> 2. 速读版
>
> 　　标题：中部天气剧烈变化致多地极端降雨。
>
> 　　摘要：近七天，中部地区多地遭遇极端降雨，导致洪水频发及农作物受损。东部受台风影响，西部高原高温突破 40℃，南部则呈现降雨与干燥交替现象。未来天气波动显著，民众需防暑防雨，做好防范准备。

DeepSeek 的文献速读功能通过自然语言处理技术，快速提取文献中的关键信息，帮助用户在短时间内把握文献的核心内容。

摘要长度：根据文献的长度和复杂度选择合适的摘要长度。较短的文献可以设置较短的摘要长度。

重点突出：根据需求选择"高""中""低"三个级别，突出文献中的关键信息。

提示词使用：输入提示词"提取关键观点""总结主要结论""提取重要数据"。

例如，输入"提取关键观点"，DeepSeek 生成的摘要更加聚焦于文献的核心观点和结论。可以发现，使用提示词可以更精准地获取所需信息，提高速读效率。

DeepSeek 的文献速读功能通过自然语言处理技术，快速提取文献中的关键信息，帮助用户在学术论文、行业报告、新闻报道等多种文献类型的阅读中节省时间，并提高学习效率。其中操作要点是，输入文献内容，设置合适的参数（如摘要长度和重点突出），并根据需要使用提示词。

通过实际练习，熟悉 DeepSeek 的文献速读功能，掌握参数设置和提示词的使用方法。

练习1：学术论文速读练习

材料：选择一篇自己感兴趣的学术论文。

步骤：输入论文标题和摘要，设置摘要长度为 200 字，重点突出为"高"，生成摘要并记录关键信息。

练习2：新闻报道速读练习

材料：选择一篇近期的新闻报道。

步骤：输入报道的标题和首段内容，设置摘要长度为 100 字，重点突出为"中"，生成摘要并总结核心观点。

6.1.2　知识图谱生成

知识图谱是什么？为什么学会知识图谱生成很重要？知识图谱就像一张地图，展示了不同事物之间的关系，可以帮助我们更好地理解和组织信息，近年来在自然语言处理、数据挖掘、问答系统等领域得到了广泛应用。对于初学者而言，知识图谱是 DeepSeek 的核心技术之一，理解知识图谱的概念、掌握其生成方法，是更好地利用 DeepSeek 功能的重要一步。

知识图谱是一种基于图结构的知识表示方法，主要用于存储和组织知识数据。其特点有三个，分别是将信息以清晰的结构呈现的结构化特点，能够理解信息意义的语义化特点，以及可以通过图表直观展示的可视化特点。

知识图谱有四个重要概念：

实体（Entity）：知识图谱中的"主角"，可以是人、地点、事物或概念。示例：张三、北京、苹果公司。

关系（Relation）：实体之间的联系。示例：张三住在北京，苹果公司生产手机。

命名实体识别（Named Entity Recognition，NER）：自动从文本中识别出命名实体，并将其标注为特定类别。

知识图谱构建：将抽取的实体、关系等信息组织成网络结构，形成知识图谱。

知识图谱的生成过程通常包括以下步骤：

数据预处理：清洗、格式化数据，确保数据质量。

命名实体识别：从文本中抽取实体信息。

关系抽取：识别实体之间的关系。

知识存储：将抽取的信息存储在数据库或图数据库中。

可视化：将知识图谱以图形化的方式展示，便于理解和分析。

通过这些步骤，知识图谱生成工具可以帮助用户高效地构建和管理知识数据。

如何在 DeepSeek 中生成知识图谱？

第一步：明确知识边界。

直接在文本框中输入一段文字，示例文本："张三是北京大学计算机系 2021 级博士生，导师是李华教授，研究方向为自然语言处理。他曾在 2023 年 ACL 会议上发表论文《基于深度学习的知识图谱补全方法》。"或者上传文件（如 Word 文档）。

表 6-3　知识图谱生成—文本输入

任务类型	知识图谱构建。
输入文本	"张三是北京大学计算机系 2021 级博士生，导师是李华教授，研究方向为自然语言处理。他曾在 2023 年 ACL 会议上发表论文《基于深度学习的知识图谱补全方法》。"
输出要求	生成 RDF 三元组（主体 - 谓词 - 客体）。 包含实体类型标注。 补充时间 / 地点等属性。

第二步：结构化指令模板。

```
{
  "实体提取": ["人物"，"机构"，"学术成果"]，
  "关系定义": {
    "教育经历": ["人物-就读于-机构"]，
    "学术关系": ["人物-导师-人物"，"人物-发表-论文"]，
    "属性关联": ["论文-发表于-会议"，"会议-时间-年份"]
  }，
  "格式要求": "JSON-LD"
}
```

图 6-1　知识图谱生成—结构化指令

第三步：知识图谱代码输出。

将 DeepSeek 生成的代码复制粘贴到如 JSON、SPARQL 等语言读取软件中提取知识图谱，如果需要导出，可以选择导出格式（如图片、JSON 文件）并下载。

```json
{
  "@context": "http://schema.org",
  "@graph": [
    {
      "@id": "person:张三",
      "@type": "Person",
      "name": "张三",
      "affiliation": {
        "@id": "org:北京大学",
        "department": "计算机系",
        "degree": "博士",
        "enrollmentYear": 2021
      },
      "advisor": "person:李华",
      "publication": {
        "@id": "paper:ACL2023",
        "title": "基于深度学习的知识图谱补全方法",
        "conference": "ACL",
        "year": 2023
      }
    }
  ]
}
```

图 6-2　知识图谱生成—代码输出

通过以上操作步骤，我们完成了在 DeepSeek 中生成知识图谱的过程。总结一下关键点：

·数据输入：无论是直接输入文本还是上传文件，DeepSeek 都能快速处理。

·实体识别：DeepSeek 能够自动识别文本中的实体，并支持手动调整。

·关系抽取：DeepSeek 能够自动提取实体之间的关系，允许用户进行修改。

·可视化展示：生成的知识图谱以图形化的方式呈现，直观易懂。

·保存与导出：支持保存和导出，方便功能后续使用和分享。

通过这些步骤，你可以轻松地在 DeepSeek 中生成自己的知识图谱，并将其应用于实际场景中。

练习1：基础练习

题目：

你有一个文本："李明是清华大学的教授，他研究人工智能领域。"

请按照以下要求完成操作：

1. 登录 DeepSeek 并进入知识图谱生成界面。

2. 将上述文本输入系统。

3. 进行实体识别，确认是否正确识别出"李明""清华大学""教授""人工智能"。

4. 进行关系抽取，确认是否正确提取出"李明→任职于→清华大学"和"李明→研究→人工智能"。

5. 生成知识图谱并保存。

提示：如果系统未能正确识别实体或提取关系，可以手动调整或添加。

练习2：进阶练习

题目：

假设你有一份关于电影《泰坦尼克号》的简介：

"《泰坦尼克号》是一部由詹姆斯·卡梅隆执导的电影，主演包括莱昂纳多·迪卡普里奥和凯特·温斯莱特。该片讲述了1912年一艘豪华邮轮沉没的故事。"

请按照以下要求完成操作：

1. 登录 DeepSeek 并进入知识图谱生成界面。

2. 将上述文本输入系统。

3. 进行实体识别，确认是否正确识别出"泰坦尼克号""詹姆斯·卡梅隆""莱昂纳多·迪卡普里奥""凯特·温斯莱特""豪华邮轮""1912 年"。

4. 进行关系抽取，确认是否正确提取出以下关系：

"詹姆斯·卡梅隆→执导→泰坦尼克号"；

"莱昂纳多·迪卡普里奥→主演→泰坦尼克号"；

"凯特·温斯特莱→主演→泰坦尼克号"。

"泰坦尼克号→发生于→1912 年"。

5. 生成知识图谱并保存。

6. 尝试手动添加一条新关系："豪华邮轮→沉没于→1912 年"。

提示：如果系统未能正确识别某些实体或关系，可以手动调整或添加。

6.1.3　错题分析

错题分析是提升学习效果的关键工具，可以帮助学习者精准定位薄弱环节；也可以提高学习效率，避免重复犯错，学习者可以更高效地复习和巩固知识。DeepSeek 通过强大的 AI 能力，能够自动分析错题，生成个性化的学习报告，为个性化学习提供数据支持。

错题分析的典型应用场景：

·学生备考：分析考试中的错题，制订复习计划。

·教师教学：基于学生错题数据优化教学策略。

·自主学习：通过错题分析发现学习盲区。

DeepSeek 错题分析操作步骤：

表 6-4 错题分析步骤介绍

步骤	具体操作
第一步： 准备工作	1. 确保已登录 DeepSeek 账号。 2. 熟悉 DeepSeek 的基本界面和功能。
第二步： 错题录入	方式 1 手动录入：输入题目内容，标注正确答案和学习者的作答。 方式 2 批量导入：支持上传试卷或练习册的电子版（如 PDF、Word 文档）。 方式 3 拍照上传：使用摄像头拍摄纸质试卷或练习题。
第三步： 错题分类与 统计	DeepSeek 自动对错题进行分类： 1. 按知识点分类（如数学中的代数、几何）。 2. 按错误类型分类（如计算错误、理解错误）。 错题统计： 1. 显示各知识点的错误率。 2. 展示高频错题和易错知识点。
第四步： 错因诊断与 建议	DeepSeek 通过 AI 算法分析错题原因： 1. 知识点掌握程度评估。 2. 解题思路分析。 提供个性化学习建议： 1. 推荐相关学习资料（如视频讲解、练习题）。 2. 提供复习计划建议。
第五步： 学习计划生成	基于错题分析结果，DeepSeek 自动生成学习计划： 1. 设置学习目标（如"掌握三角函数的基本公式"）。 2. 分配学习时间（如每天 1 小时）。 3. 提供阶段性测试建议。
第六步： 分析结果的保存 与导出	1. 支持保存错题分析报告。 2. 支持导出为 PDF 或 Excel 格式，便于打印或分享。

练习 1：基础练习

题目：假设你有一份数学考试的试卷，其中有两道错题：

1. 题目：解方程（$2x + 3 = 7$）

   正确答案：（$x = 2$）

   你的作答：（$x = 3$）

2. 题目：计算三角形面积（底 $= 4\,cm$，高 $= 5\,cm$）

   正确答案：$10\,cm^2$

   你的作答：$8\,cm^2$

请按照以下要求完成操作：

1. 登录 DeepSeek。

2. 手动录入上述两道错题。

3. 查看 DeepSeek 的错因诊断结果。

4. 获取学习建议并记录下来。

练习 2：进阶练习

题目：假设你有一份英语阅读理解的试卷，其中有三道错题：

1. 题目：选择正确的单词填空："The weather is _____ today."（选项：sunny, rain, cloudy）

   正确答案：sunny

   你的作答：rain

2. 题目：翻译句子："I am going to the library tomorrow."

   正确答案："我明天要去图书馆。"

   你的作答："我今天要去图书馆。"

3. 题目：阅读短文后回答问题："What is the main idea of the passage?"

正确答案："The importance of exercise for health."

你的作答："The benefits of a healthy diet."

请按照以下要求完成操作：

1. 登录 DeepSeek。

2. 将上述三道错题拍照上传至系统。

3. 查看 DeepSeek 的错因诊断结果，并记录每道题的错误原因。

4. 根据系统建议，制订一个为期一周的学习计划。

6.2 职场增效包

6.2.1 会议纪要整理

表 6-5 会议纪要整理实操演示

背景：紧急项目复盘会，市场部 1 小时会议，讨论"双 11"促销方案调整。	
第一步：准备环节	将录音转换为文字稿，并上传至 DeepSeek。 推荐工具：讯飞、腾讯云语音识别、阿里云语音识别等。
第二步：窗口操作	[输入提示词] 请根据以下会议录音文字生成会议纪要，需包含： 　– 会议主题、时间、参与人员。 　– 关键讨论点（分条列出）。 　– 达成的决策或行动计划。 　– 待解决的问题。 [粘贴文字内容]
提示： 1. 如果记录中包含语音转写的"嗯""呃"，一定要让 AI 先清洗。 2. 遇到模糊表述如"尽快完成"，追问具体时间："请将'尽快'转化为明确时间节点"。	

需特别注意，DeepSeek 难免会有漏洞，仍需人工复核，建议在争议性议题旁添加"需确认"标签。

----- 练习 -----

将混乱的自由讨论整理为"问题—决策—负责人"三段式结构。

6.2.2 邮件智能生成

在 DeepSeek 中，你可以使用特定的指令来生成邮件。例如，你可以使用类似以下的指令："请写一封邮件给供应商，询问关于我们计划引进的新型号产品的详细规格和价格。"

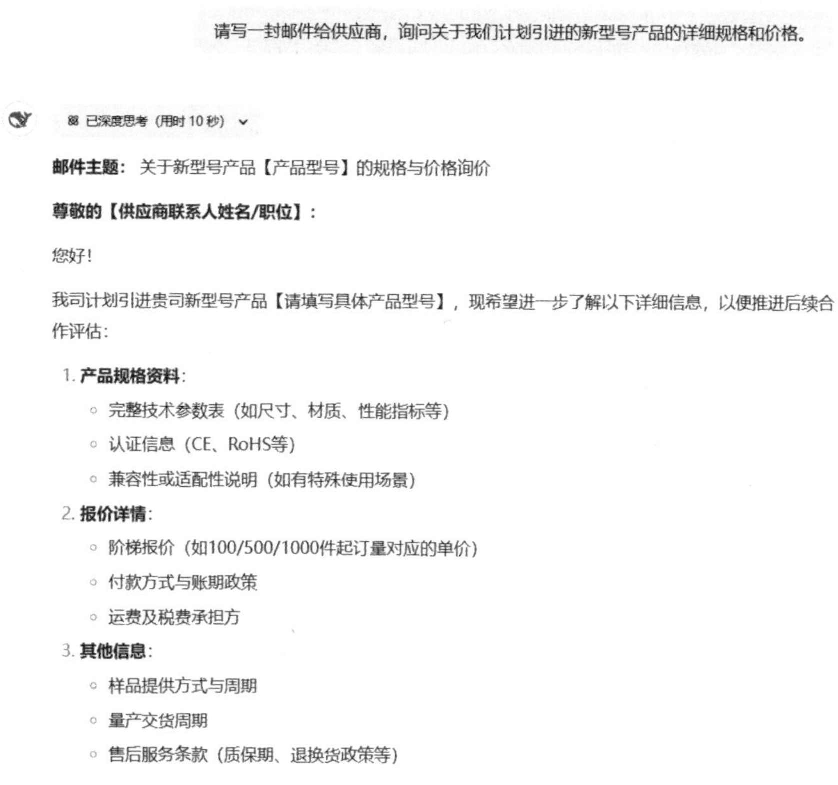

请写一封邮件给供应商，询问关于我们计划引进的新型号产品的详细规格和价格。

🐋 ⊗ 已深度思考（用时 10 秒）⌄

邮件主题：关于新型号产品【产品型号】的规格与价格询价

尊敬的【供应商联系人姓名/职位】：

您好！

我司计划引进贵司新型号产品【请填写具体产品型号】，现希望进一步了解以下详细信息，以便推进后续合作评估：

1. **产品规格资料：**
   - 完整技术参数表（如尺寸、材质、性能指标等）
   - 认证信息（CE、RoHS等）
   - 兼容性或适配性说明（如有特殊使用场景）
2. **报价详情：**
   - 阶梯报价（如100/500/1000件起订量对应的单价）
   - 付款方式与账期政策
   - 运费及税费承担方
3. **其他信息：**
   - 样品提供方式与周期
   - 量产交货周期
   - 售后服务条款（质保期、退换货政策等）

图 6-3 邮件生成

生成邮件后，可根据自己的需要对其进行微调，比如添加个性化问候等。

场景：需要向财务部申请紧急预算审批。

任务：用 AI 生成同时具备"紧迫性"和"专业性"的邮件。

6.2.3 制作专业图表

步骤一：上传 Excel 数据

打开 DeepSeek 平台点击导入 Excel 文件，文件需为 .xlsx 格式或 .xls 格式，确保数据表有明确的列标题（如"产品名称""销售额"）。

步骤二：按生成结果进行操作

常规的数据可视化方法有很多，比如使用 Excel 自带的图表功能，或者用 Python 的 matplotlib、seaborn 库，或者 Tableau 等工具。这里的可视化方法使用 Excel 自带的图表功能。

以下是针对您提供的Excel数据（手机、电脑、平板销售额）的可视化方案及操作步骤：

1. 数据概览

- **总销售额**：250万元
- **各产品占比**：
  - 手机：48%

图 6-4　数据可视化演示对话框

在 DeepSeek 生成以上操作步骤提示之后，便可按步骤在 Excel 表格中进行数据可视化操作了。

6.3　创作工具箱

6.3.1　新媒体文案

在新媒体文案的撰写中，我们可以参考 DeepSeek API 文档中的"提示库"窗口，根据自身需求学习提示词的使用。

这里为大家提供核心三要素，供参考：

文案类型：小红书 / 公众号 / 短视频脚本等；

关键词：如"美妆测评""七夕礼物""学生党""平价"；

语气要求：活泼 / 专业 / 治愈 / 搞笑等。

图 6-5　提示库网页图

为一位科技网络达人撰写一篇以《DeepSeek爆火，震撼世界》为题的小红书文案，要求在300字左右，内容可借鉴近7天内的所有相关网络文案。

🔍 已搜索到 46 个网页 ＞

DeepSeek爆火，震撼世界！ 🔥

最近被一个叫**DeepSeek**的AI刷屏了！这个来自中国的AI大模型，不仅登顶了美区App Store榜首，还直接踹翻了ChatGPT，简直是"神秘的东方力量"本力！💪

DeepSeek有多强？

- **语言理解**：写文案、编故事、解答问题，样样精通，甚至能洞察人心，给出温暖又走心的回答 ② ③ 。
- **低成本高智能**：训练成本只有OpenAI的十分之一，API使用成本更是低到离谱，简直是AI界的"性价比之王" ③ ⑨ 。
- **开源免费**：开发者狂喜！DeepSeek不仅开源，还免费使用，直接让AI像水电一样触手可及 ⑨ ⑪ 。

最让我震惊的是，它还能**联网搜索**和**深度思考**，写小红书文案简直是小菜一碟！比如我让它写个保湿水推广文案，瞬间搞定，连表情都加好了，味儿太冲了！😂

DeepSeek的爆火不仅是技术的胜利，更是中国AI崛起的象征！👏 还没用上的宝子们，赶紧去试试，真的会被惊艳到！

图 6-6　新媒体文案生成示例

6.3.2　商业计划书

在瞬息万变的商业环境中，一份精准高效的商业计划书是创业成功的基石。

如果我们想要使用 DeepSeek 快速生成一份商业计划书，需要分步骤展开，主要包括：创建项目框架、分章节生成内容和可视化增强（参见前文）等环节。

首先，我们需要创建项目框架，可参考下表。

表 6-6　创建项目框架

任务类型	商业计划书撰写。
行业领域	服装零售。
核心需求	1. 开设一家面向 25 — 35 岁都市女性的轻奢设计师集合店。 2. 选址城市核心商圈，面积 80 — 100 ㎡。 3. 线上线下融合模式（O2O）。
重点章节	1. 市场分析（行业趋势 / 目标客群 / 竞争格局）。 2. 产品策略（选品逻辑 / 供应链管理）。 3. 运营规划（门店设计 / 线上商城 / 会员体系）。 4. 财务模型（启动资金 /3 年损益预测）。

之后，我们需要分章节生成内容。

以"市场分析"为例，我们需要进行有针对性的"提示词"询问。

例如："引用近 3 年中国服装零售行业数据（增长率 / 线上渗透率）。"

"分析'Z 世代'消费者购买偏好（材质 / 设计风格 / 价格敏感度）。"

"对比周边 3 km 竞品（快时尚品牌 / 买手店）。"

如果我们自身的数据收集略有欠缺，可以通过指令让 DeepSeek 帮助我们抓取最新信息，例如示例中，"引用近 3 年中国服装零售行业数据"。

最后，为大家展示一部分提示词优化前后的对比。

表 6-7　优化前后对比

优化前	优化后
服装市场正在增长	引用中国服装协会 2024 行业白皮书数据，说明近 3 年 CAGR。
提供优质服务	推出"私人搭配官"服务：消费满 3000 元享季度 1 对 1 形象管理。
可能存在库存风险	采用 C2M 反向定制模式：预售达 30% 启动生产，滞销率控制在 5% 以内。

6.3.3　代码辅助

代码辅助功能是基于 AI 的智能编程工具，可实现：

代码生成：通过自然语言描述生成代码片段；

代码补全：自动推荐后续代码逻辑；

错误调试：识别常见错误并提供修复建议；

代码优化：重构低效代码并提供性能优化方案。

DeepSeek 代码辅助功能的核心优势是支持 30 多种编程语言（Python/Java/JS 等），理解中文指令生成代码，还可关联项目中的其他文件进行上下文感知。作为初学者，可以快速生成基础代码框架，例如输入"用 Python 写一个计算 BMI 的程序"，就可自动生成完整代码。

表 6-8　代码辅助功能演示

步骤一：环境准备
1. 访问 DeepSeek 官网注册账号 2. 安装 IDE 插件（VS Code 示例）：

续表

打开 VS Code 扩展商店
搜索"DeepSeekCode"并安装
使用账号登录激活

步骤二：基础功能实践

场景：生成 Python 计算器程序
1. 新建 calculator.py 文件
2. 输入注释指令：
　# 请用 Python 编写一个命令行计算器，支持加减乘除
3. 按下快捷键（如 Ctrl+Enter）触发代码生成
4. 获得完整实现：

```python
def calculate():
    while True:
        try:
            num1 = float(input(" 输入第一个数字 : "))
            op = input(" 选择操作 (+ - * /): ")
            num2 = float(input(" 输入第二个数字 : "))
            if op == '+': print(f" 结果 : {num1 + num2}")
            elif op == '-': print(f" 结果 : {num1 - num2}")
            elif op == '*': print(f" 结果 : {num1 * num2}")
            elif op == '/': print(f" 结果 : {num1 / num2}")
            else: print(" 无效操作符 ")
        except: print(" 输入错误 ")

if __name__ == "__main__":
    calculate()
```

作为初学者，如果在代码辅助功能学习阶段遇到了代码不熟悉的情况，也可以输入代码注释生成提示词"为以下代码添加详细注释，解释每段功能"，熟悉和掌握代码的各个步骤。当然，虽然 DeepSeek 的代码辅助功能很强大，但不能完全替代实际的编程练习，还需要下载例如 Python 等软件进行实操练习。

第7章　个性化训练指南

7.1　偏好设置三要素

7.1.1　语言风格定制

什么是语言风格定制?

语言风格定制是指通过特定的技术手段和参数设置，调整人工智能模型生成文本的语言风格，使其符合用户的需求。这种定制可以包括调整文本的正式程度、语气、词汇选择等，以适应不同的应用场景和用户偏好。

DeepSeek 语言风格定制有什么特点?

DeepSeek 的语言风格定制具有以下显著特点，使其在众多人工智能模型中脱颖而出:

高度灵活性

DeepSeek 支持多种语言风格的定制，能够根据用户的具体需求生成不同风格的文本。这种高度灵活性使得 DeepSeek 能够适应各种应用场景和用户偏好。

例如，用户可以根据需要将文本风格调整为正式、非正式、口语化或书面化等。在学术写作中，用户可以要求生成正式且严谨的文本，例如："请以正式的语气回答以下问题：请简述人工智能在医疗领域的应用。"而在社交媒体文案创作中，用户可以要求生成轻松幽默的文本，例如："请以幽默的语气回答以下问题：人工智能在医疗领域都有什么用？"这种灵活性为用户提供了极大的便利，使其能够根据不同的使用场景快速调整文本风格。

强大的适应性

DeepSeek 通过微调技术能够快速适应用户提供的数据和需求，生成符合特定风格的文本。这种强大的适应性使得 DeepSeek 在处理个性化需求时表现出色。

例如，用户可以提供一组特定风格的文本样本，DeepSeek 通过微调能够学习并生成类似风格的文本。如果用户希望生成具有特定地域文化特色的文本，如带有四川方言特色的幽默文本，DeepSeek 可以通过微调快速适应并生成符合要求的文本。这种适应性不仅提高了文本生成的准确性，还增强了模型的实用性和通用性。

高效性

DeepSeek 采用先进的微调方法，如 LoRA（Low-Rank Adaptation），在保持模型性能的同时，减少了计算资源的消耗。LoRA 通过在模型的关键层引入低秩矩阵，实现了高效的参数调整。例如，在对 DeepSeek 进行微调时，用户可以指定仅对部分层进行调整，从而显著减少训练时间和计算成本。这种高效性使得 DeepSeek

在资源有限的情况下仍能快速完成任务，特别适合企业级应用和大规模文本生成场景。

中文优化

DeepSeek 在中文处理上进行了深度优化，能够更好地理解中文语法和文化背景，生成更自然、更地道的中文文本，优于其他未针对中文进行优化的模型。

例如，在生成中文诗歌或古文时，DeepSeek 能够生成更符合中文语法和文化背景的文本。而 ChatGPT 在处理中文时可能会出现语法错误或文化不贴切的情况。

如何进行 DeepSeek 语言风格定制？

调整提示词是调整语言风格的常用方法。通过在提示词中明确指定你希望的风格，DeepSeek 可以生成符合该风格的文本。关于这方面，第 4 章已进行了非常细致的讲解，这里仅简单举例说明。

操作步骤如下：

第一步，在生成文本的界面中，输入你的提示词。

第二步，在提示词中明确指定你希望的风格。例如：

正式风格："请以正式的语气回答以下问题：……"

非正式风格："请以非正式的语气回答以下问题：……"

幽默风格："请以幽默的语气回答以下问题：……"

严肃风格："请以严肃的语气回答以下问题：……"

第三步，点击生成按钮，查看生成的文本。

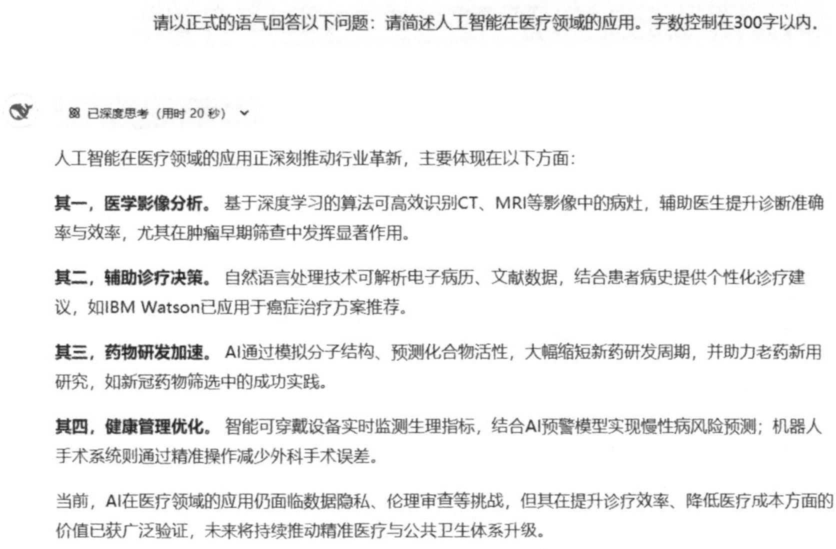

请以正式的语气回答以下问题：请简述人工智能在医疗领域的应用。字数控制在300字以内。

🐋　図 已深度思考（用时 20 秒）　∨

人工智能在医疗领域的应用正深刻推动行业革新，主要体现在以下方面：

其一，医学影像分析。 基于深度学习的算法可高效识别CT、MRI等影像中的病灶，辅助医生提升诊断准确率与效率，尤其在肿瘤早期筛查中发挥显著作用。

其二，辅助诊疗决策。 自然语言处理技术可解析电子病历、文献数据，结合患者病史提供个性化诊疗建议，如IBM Watson已应用于癌症治疗方案推荐。

其三，药物研发加速。 AI通过模拟分子结构、预测化合物活性，大幅缩短新药研发周期，并助力老药新用研究，如新冠药物筛选中的成功实践。

其四，健康管理优化。 智能可穿戴设备实时监测生理指标，结合AI预警模型实现慢性病风险预测；机器人手术系统则通过精准操作减少外科手术误差。

当前，AI在医疗领域的应用仍面临数据隐私、伦理审查等挑战，但其在提升诊疗效率、降低医疗成本方面的价值已获广泛验证，未来将持续推动精准医疗与公共卫生体系升级。

图 7-1　用正式语气回答

7.1.2　知识深度调节

什么是知识深度调节？

知识深度调节是指在使用人工智能模型时，根据用户的需求和应用场景，调整生成内容的知识深度和细节程度。这种调节可以包括从简单的概述到复杂的详细解释，从基础概念到高级技术细节，以满足不同用户在不同场景下的需求。通过知识深度调节，用户可以更好地控制生成内容的复杂性和信息量，确保其符合特定的使用目的。

DeepSeek 的知识深度调节功能允许用户通过简单的指令和参数设置，灵活地调整生成内容的知识深度和细节程度。DeepSeek 支持多种调节选项，用户可以根据需要生成从基础概念到高级技术细节的内容。例如，用户可以要求生成一个关于人工智能基础的简单概述，也可以要求生成一个包含复杂算法和数据支持的详细研究报告。DeepSeek 的知识深度调节功能不仅提高了内容生成的灵活性，还确保了生成内容的准确性和适用性，特别适合教育、研究和商业等多种应用场景。

在进行文本生成时我们还要了解常见的 DeepSeek 不同模型的擅长领域。

基础模型（DeepSeek-V3）：主要针对自然语言处理任务，适合日常百科问题解答、简单文本生成、日常对话等（如邮件撰写），但其推理能力有限，无法处理复杂的逻辑分析或深度问题。

深度思考模型（DeepSeek-R1）：专注于高级推理任务，通过强化学习技术优化其逻辑推理能力，能够处理复杂的数理逻辑、编程分析以及科学计算等问题（如代码调试、数学建模、科学研究辅助等）。通过自我反思和长时间思考，能够生成结构化且符合人类偏好的回答。它利用监督式微调（SFT）技术，不仅确保答案的准确性，还优化了答案的结构化表达。

联网搜索模型：DeepSeek 能利用互联网实时搜索相关内容。

如何在 DeepSeek 中进行知识深度调节？

对于零基础的 DeepSeek 使用者来说，进行知识深度调节可以通过以下几种简单的方法实现：

方法一：通过提示词指定知识深度

在生成文本时，用户可以在提示词中明确指定所需的知识深度。

例如，如果需要生成一个关于人工智能基础的简单概述，可以在提示词中这样写："请生成一个关于人工智能基础的简单概述，适合初学者阅读。"

请生成一个关于人工智能基础的简单概述，适合初学者阅读。

⊗ 已深度思考（用时 20 秒）∨

人工智能基础入门指南
（小学生也能看懂的AI说明书！）

1. 啥是人工智能（AI）？
——就是让计算机学会"装人类"的技术！比如让手机认脸解锁，或让Siri和你斗嘴。（但它真没感情，别问它爱不爱你！）

2. 三大必杀技
▸ **机器学习**：喂电脑吃数据，让它自己总结规律。就像教你弟学骑车——摔多了就会了！
▸ **深度学习**：用"人工神经元网络"模仿人脑，专治看图认猫、翻译外星语等高端操作。
▸ **自然语言处理（NLP）**：教AI听懂人话，比如让客服机器人不再回你"亲，这边建议重说一遍呢~"

3. 日常潜伏区

• 刷抖音推你爱看的猫片（推荐系统）
• 超市自助结账机喊你"别把香蕉藏口袋里！"（图像识别）
• 导航APP避开堵车路段时偷笑："人类又信我了！"（路径规划）

4. 当前人设短板
◆ 偶尔智障：AI把斑马认成"黑白条纹老虎"时，请原谅它没见过非洲！
◆ 伦理纠结：如果自动驾驶车必须撞一个人，该选程序员还是数学家？（危险问题！）

图 7-2　简单概述

如果需要生成一个包含复杂算法和数据支持的详细研究报告，可以在提示词中这样写："请生成一个关于深度学习在图像识别中的应用的详细研究报告，包括算法细节和实验数据。"

> 请生成一个关于深度学习在图像识别中的应用的详细研究报告，包括算法细节和实验数据。字数控制在300字以内。

🐋 ❀ 已深度思考（用时18秒）∨

深度学习在图像识别中的应用研究报告

核心算法

1. **卷积神经网络（CNN）**：通过卷积层提取局部特征（如边缘、纹理），池化层降低维度，全连接层实现分类。经典模型如AlexNet（2012）在ImageNet上将错误率降至15.3%。

2. **残差网络（ResNet）**：引入跳跃连接解决梯度消失问题，ResNet-50在ImageNet上Top-5准确率达93.3%。

3. **Vision Transformer（ViT）**：将图像分块输入Transformer，依赖自注意力机制建模全局关系，ViT-L/16在ImageNet上Top-1准确率达88.55%。

实验数据

- **数据集**：CIFAR-10（6万张32×32图像）测试中，ResNet-20达到91.7%准确率；
- **效率优化**：轻量级模型MobileNetV3仅用1.0M参数，在ImageNet上实现75.2% Top-1精度；
- **工业应用**：基于YOLOv5的目标检测系统在COCO数据集上mAP@0.5达55.8%，推理速度达140FPS（Tesla V100）。

挑战与趋势

当前模型依赖大规模标注数据（如ImageNet含1400万图像），小样本学习与无监督预训练（如CLIP）成为研究热点；实时性与计算成本（ViT需19.7G FLOPs/图）仍需优化。

图 7-3　详细描述

方法二：使用参数控制知识深度

除通过提示词指定知识深度，DeepSeek 还支持通过参数设置来控制生成内容的复杂性和信息量。例如，用户可以设置参数来控制生成内容的详细程度。具体操作可以参考 DeepSeek 的官方文档，了解如何通过 API 或界面设置这些参数。

7.1.3　响应格式控制

什么是响应格式控制?

响应格式控制是指在使用人工智能模型生成文本时,对生成文本的结构、格式和组织方式进行调整,以满足特定的输出需求。这种控制包括文本的段落结构、标点符号使用、列表格式、表格格式等,确保生成的文本符合用户的期望和应用场景。

DeepSeek 的响应格式控制功能允许用户通过简单的指令和参数设置,灵活地调整生成文本的格式。用户可以通过在提示词中明确指定所需的格式,或者通过配置参数来实现对生成文本的格式控制。例如,用户可以要求生成一个包含标题和子标题的报告,或者生成一个包含项目符号的列表。DeepSeek 的响应格式控制功能不仅提高了文本生成的灵活性,还确保了生成文本的规范性和一致性,特别适合需要严格格式要求的应用场景,如学术写作、商务报告和新闻稿撰写等。

如何在 DeepSeek 中进行响应格式控制?

在生成文本时,用户可以在提示词中明确指定所需的格式。例如,如果需要生成一个包含标题和子标题的报告,可以在提示词中这样写:

请生成一份关于人工智能在医疗领域应用的报告,格式如下:

标题:人工智能在医疗领域的应用

子标题 1:诊断辅助

子标题 2：治疗方案优化

子标题 3：患者监测

请生成一份关于人工智能在医疗领域应用的报告，格式如下：

标题：人工智能在医疗领域的应用

子标题1：诊断辅助

子标题2：治疗方案优化

子标题3：患者监测

 ⊞ 已深度思考（用时 22 秒）⌄

人工智能在医疗领域的应用

诊断辅助

人工智能通过分析医学影像（如CT、MRI）和病理切片显著提升诊断效率。

- **影像识别**：基于卷积神经网络（CNN）的算法可检测肺结节（灵敏度98.2%）、乳腺癌（准确率92.4%）等病灶，减少漏诊率约30%。
- **病理辅助**：谷歌DeepMind开发的AI系统在糖尿病视网膜病变诊断中达到94.5%准确率，媲美资深医生。
- **基因分析**：AI结合基因组数据预测癌症风险，如IBM Watson可在10分钟内解析患者基因突变并匹配靶向药物。

治疗方案优化

AI通过数据建模为患者提供个性化治疗建议：

- **用药推荐**：IBM Watson for Oncology已覆盖13种癌症类型，治疗方案与专家共识吻合率达93%

图 7-4　生成文本

如果需要生成一个包含项目符号的列表，可以在提示词中这样写：

请生成一个关于人工智能在医疗领域应用的要点列表：

- 诊断辅助

- 治疗方案优化

- 患者监测

请生成一个关于人工智能在医疗领域应用的要点列表：
- 诊断辅助
- 治疗方案优化
- 患者监测

❧ 人工智能在医疗领域应用的要点列表：

1. 诊断辅助：

- **医学影像分析：** 利用深度学习算法分析 X 光片、CT 扫描、核磁共振成像等，辅助医生识别病灶，例如癌症、骨折等，提高诊断效率和准确性。
- **病理分析：** 通过图像识别技术分析病理切片，辅助病理医生进行疾病诊断，例如癌症分期、类型判断等。
- **基因测序分析：** 利用机器学习算法分析基因测序数据，识别与疾病相关的基因突变，辅助医生进行精准诊断和个性化治疗。
- **电子病历分析：** 通过自然语言处理技术分析患者电子病历，提取关键信息，辅助医生进行疾病诊断和风险评估。

2. 治疗方案优化：

- **个性化治疗：** 根据患者的基因信息、病史、生活习惯等数据，利用人工智能算法制定个性化的治疗方案，提高治疗效果。

图 7-5　生成项目符号列表

对于需要生成表格格式的文本，可以在提示词中明确指定表格的结构。例如：

请生成一个关于人工智能在医疗领域应用的表格，格式如下：

| 应用场景 | 描述 |

|———————|———————|

| 诊断辅助 | 通过图像识别技术辅助医生进行疾病诊断 |

| 治疗方案优化 | 根据患者数据优化治疗方案 |

| 患者监测 | 实时监测患者生命体征，提供预警 |

请生成一个关于人工智能在医疗领域应用的表格，格式如下：
应用场景	描述
诊断辅助	通过图像识别技术辅助医生进行疾病诊断
治疗方案优化	根据患者数据优化治疗方案
患者监测	实时监测患者生命体征，提供预警

已深度思考（用时 14 秒）

应用场景	描述
诊断辅助	通过图像识别技术（如CT、MRI分析）辅助医生快速定位病灶，提高诊断准确性
治疗方案优化	基于患者基因、病史等数据生成个性化用药或手术方案，降低治疗风险
患者监测	利用可穿戴设备或院内传感器实时追踪心率、血压等指标，异常时自动触发警报

（注：表格内容可横向扩展，如补充具体案例或数据）

图 7-6　生成表格格式的文本

除了通过提示词指定格式，DeepSeek 还支持通过配置参数来控制生成文本的格式。例如，用户可以设置参数来控制段落的缩进、行间距等格式细节。具体操作可以参考 DeepSeek 的官方文档，了解如何通过 API 或界面设置这些参数。

7.2　反馈校准机制

7.2.1　即时反馈优化

什么是即时反馈优化？

即时反馈优化是一种通过实时收集用户或系统的反馈信息，并根据这些信息动态调整系统行为或输出的技术手段。其目的是提升用户体验、优化系统性能，并确保生成内容的准确性和相关性。在人工智能领域，即时反馈优化尤为重要，因为它能够帮助模型快速适应用户需求，优化生成内容的质量。

DeepSeek 的即时反馈优化功能允许用户在使用过程中实时反馈模型生成内容的质量和相关性。DeepSeek 根据这些反馈动态调整生成策略，通过反馈校准机制快速了解用户的偏好和需求，从而在后续生成中提供更精准的内容。这种机制不仅提高了生成内容的准确性和适用性，还增强了用户与模型之间的互动。

如何在 DeepSeek 中进行即时反馈优化？

第一步：收集用户反馈

用户可以通过 DeepSeek 平台提供的反馈接口，对生成内容的质量、相关性和准确性进行评价。例如，用户可以对生成的文本进行"有用"或"无用"的标记，或者提出具体的改进建议。

第二步：反馈处理与模型调整

DeepSeek 的反馈处理系统会实时收集用户的反馈信息，并通过强化学习等技术动态调整模型参数。例如，如果用户多次标记某个生成内容为"无用"，模型会自动调整生成策略，减少类似内容的生成。

假设用户正在使用 DeepSeek 生成关于"人工智能的定义是什么"的文本。用户发现生成的内容过于技术化，不适合普通读者。用户可以通过反馈接口标记内容为"无用"，并注明"需要更通俗易懂的解释"。DeepSeek 接收到反馈后，会调整生成策略，生成更通俗易懂的内容。

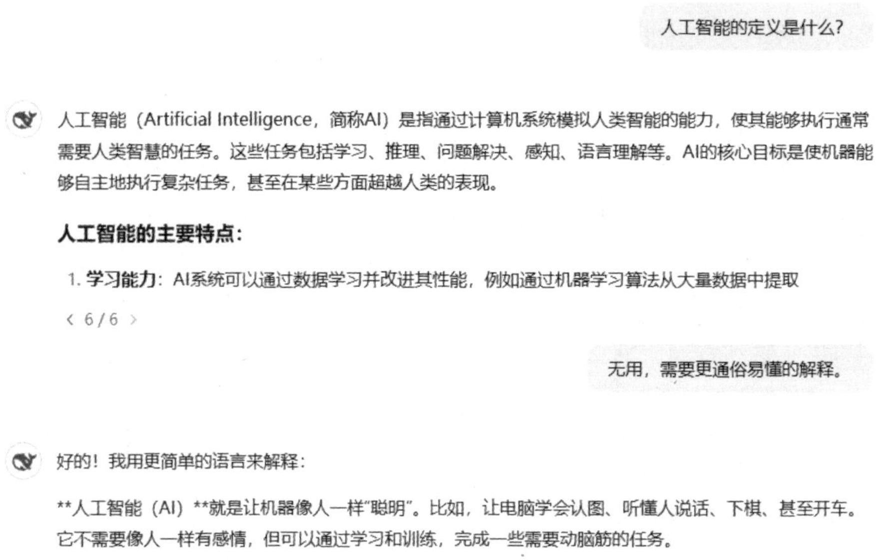

人工智能的定义是什么？

人工智能（Artificial Intelligence，简称AI）是指通过计算机系统模拟人类智能的能力，使其能够执行通常需要人类智慧的任务。这些任务包括学习、推理、问题解决、感知、语言理解等。AI的核心目标是使机器能够自主地执行复杂任务，甚至在某些方面超越人类的表现。

人工智能的主要特点：

1. **学习能力**：AI系统可以通过数据学习并改进其性能，例如通过机器学习算法从大量数据中提取

〈 6 / 6 〉

无用，需要更通俗易懂的解释。

好的！我用更简单的语言来解释：

人工智能（AI）就是让机器像人一样"聪明"。比如，让电脑学会认图、听懂人说话、下棋、甚至开车。它不需要像人一样有感情，但可以通过学习和训练，完成一些需要动脑筋的任务。

图 7-7　即时反馈优化

即时反馈优化可以应用于哪些场景？

即时反馈优化是一种重要的技术手段，它强调实时性与可靠性，确保用户反馈能够即时影响模型的输出，同时系统需要具备高可靠性，以保证反馈机制的稳定运行。这种优化机制的设计应以用户为中心，提供直观、友好的交互界面，例如通过动画、声音等方式，让用户明确感知到反馈已被接收。此外，即时反馈优化还依赖于数据驱动的优化策略，通过定期对用户反馈数据进行统计分析，作为模型迭代的重要依据，从而持续改进模型性能，提升用户满意度。值得注意的是，即时反馈优化不仅适用于文本生成，还可以广泛应用于图像识别、推荐系统等多个领域。例如，在推荐系统中，通过实时学习用户

的点击行为，动态调整推荐策略，以更好地满足用户需求。

在智能家居领域，通过即时反馈优化提升智能设备的交互能力和用户体验。例如，居然智家接入 DeepSeek，可开发智能家装和智能营销系统，通过深度分析用户行为数据，提供个性化的家居产品推荐和装修设计建议。用户可以通过语音指令与智能音箱交互，DeepSeek 根据用户的反馈实时调整响应策略，提升语音交互的准确性和流畅性。

在智能交通领域，通过即时反馈优化提升交通系统的效率和安全性。例如，在自动驾驶中，实时解析复杂路口的交通信号和警察手势，动态调整车辆的通行策略。同时，通过车联网技术实现车与车、车与基础设施之间的高效通信，优化行驶路线，减少拥堵。

在内容创作领域，通过即时反馈优化帮助创作者根据读者的反馈调整文章的内容和风格。例如，自媒体创作者可以利用 DeepSeek 快速生成高质量的新闻稿、博客文章或营销文案，并根据读者的反馈实时调整内容。DeepSeek 还能根据用户的反馈优化内容的结构和语言风格，确保内容更符合目标受众的喜好。

在教育领域，通过即时反馈优化为学生提供个性化的学习体验。例如，教师可以利用 DeepSeek 生成定制化的学习材料，并根据学生的反馈实时调整教学内容。DeepSeek 还可以根据学生的学习进度和反馈，提供个性化的学习路径和实时答疑。

在医疗领域，通过即时反馈优化提升医疗辅助诊断系统的准确性和效率。例如，医生可以利用 DeepSeek 生成结构化的病历模板，并根据患者的反馈实时调整诊断建议。DeepSeek 还可以根据患者的反馈优化医患沟通，提供更通俗易懂的医嘱解释和检查报告解读。

在娱乐领域，通过即时反馈优化提升用户体验和内容推荐的准确性。例如，实时分析用户的游戏行为和偏好，提供个性化的游戏推荐和优化建议。同时，根据用户的反馈优化娱乐内容，确保内容更符合用户的喜好。

7.2.2　会话记忆管理

什么是会话记忆管理？

会话记忆管理是指在对话系统中，系统能够自动记录和管理对话，以便在后续的交互中更好地理解用户意图并提供连贯的响应。这种功能对于提升用户体验、增强对话的连贯性和准确性至关重要。

DeepSeek 的会话记忆管理功能允许系统自动记住当前对话的前10 轮内容，方便用户随时回顾。用户可以通过特定的指令或标签调用历史会话，甚至可以建立个人知识库，上传专属文档以便在对话中随时引用。此外，DeepSeek 还支持超长对话记忆，能够处理长达 10万 token 的历史回溯，确保对话的连贯性和完整性。

如何在 DeepSeek 中进行会话记忆管理？

用户可以通过以下方式利用 DeepSeek 的会话记忆管理功能：

保存对话记录：使用标签保存对话记录，方便后续调用。

调用历史会话：通过"@ 日期"调用历史会话，快速回顾之前的对话内容。

建立个人知识库：上传专属文档，系统会在对话中自动引用相关知识。

所以在 DeepSeek 中，可以利用标签功能轻松标记并保存重要的对话记录。无论是项目讨论的关键点，还是日常对话中的灵感闪现，只需添加一个标签，即可随时回顾。这不仅提高了工作效率，也让信息检索变得简单快捷。

会话记忆管理可以应用在哪些领域？

在智能客服领域，会话记忆管理功能能够显著提升用户体验和服务效率。例如，某电商平台的智能客服系统集成了 DeepSeek 技术，能够自动记录用户的历史咨询记录。当用户再次咨询时，系统可以快速调用之前的对话内容，了解用户的问题背景，从而提供更精准的解答。例如，用户之前咨询过关于商品退换货的政策，再次咨询时，系统可以直接引用之前的对话记录，快速回答用户的问题，避免用户重复描述问题，大大提高了服务效率和用户满意度。

在教育辅导领域，会话记忆管理功能可以帮助教师更好地了解学生的学习进度和需求。例如，一位在线教育平台的教师正在使用 DeepSeek 为学生提供个性化的辅导。通过会话记忆管理功能，教师可以随时调用学生之前的学习记录和问题，了解学生的学习难点和进步情况。例如，学生之前在数学函数部分遇到了困难，教师可以在后续的辅导中调用相关记录，有针对性地提供练习和讲解，帮助学生更好地掌握知识，提高学习效果。

在商业咨询领域，会话记忆管理功能能够帮助咨询师更好地跟进客户的需求和反馈。例如，一家咨询公司使用 DeepSeek 为客户提供市场调研和战略规划服务。通过会话记忆管理功能，咨询师可以保存客户的咨询记录，包括客户的需求、反馈和建议。在后续的沟通中，咨询师可以快速调用这些记录，了解客户的最新需求，提供更贴合客户需求的解决方案。例如，客户之前对某个市场调研报告提出了修改意见，咨询师可以在后续的讨论中直接引用这些意见，确保报告的修改符合客户的期望，提升客户满意度。

在医疗咨询领域，会话记忆管理功能能够帮助医生更好地了解患者的病史和咨询记录，辅助诊断和治疗。例如，某医院的在线医疗咨询平台集成了 DeepSeek 技术，能够自动记录患者的咨询历史。当患者再次咨询时，医生可以快速调用之前的对话记录，了解患者的病史和之前的诊断结果。例如，患者之前咨询过关于慢性疾病的治疗，医生可以在后续的咨询中调用相关记录，提供更连贯和个性化的治疗建议，帮助患者更好地治疗疾病，提高医疗服务质量。

7.2.3 参数动态调整

什么是参数动态调整？

参数动态调整是指在模型训练或推理过程中，根据实时反馈和任务需求，动态修改模型的参数设置。这种调整可以优化模型性能，提升生成内容的质量和相关性。例如，在对话系统中，动态调整参数可以确保生成的响应更加自然和准确。

DeepSeek 支持多种参数动态调整方法，主要包括 LoRA 微调和全参数微调。LoRA 通过在预训练权重基础上添加可训练的低秩适配层，减少计算开销，适合计算资源有限的场景。全参数微调则对模型所有参数进行更新，适用于数据量大、任务复杂的场景。

为什么要微调 DeepSeek？

虽然 DeepSeek 具备强大的通用能力，但在特定任务（如医学、法律、金融等领域）中直接使用可能会导致：

模型泛化能力不足：无法精准理解专业术语或行业特定语言风格。

推理性能欠佳：无法高效完成某些需要深度推理的任务。

资源浪费：直接使用完整大模型进行训练需要极高计算资源。

因此，采用高效微调策略（如 LoRA、全参数微调）可以在减少计算资源消耗的同时，实现高效定制化优化。

常见微调策略

LoRA（低秩适配）：适用于计算资源有限的场景；只对部分权重进行低秩矩阵更新，减少显存占用；训练速度快，适合小样本微调。

全参数微调：适用于计算资源充足、任务复杂的场景；对模型所有参数进行更新，适用于大规模数据训练；训练成本高，但微调效果最佳。

LoRA 如何微调 DeepSeek？

LoRA 是一种高效的参数微调方法。其核心思想是在预训练权重的基础上添加可训练的低秩适配层，从而减少计算开销。以下是进行参数动态调整的具体步骤和方法：

环境准备：安装必要的依赖库，如 torch、transformers 和 peft。

（代码语言 bash） pip install torch transformers peft accelerate

加载模型：加载 DeepSeek 模型和分词器。

（代码语言 Python） from transformers import AutoModelForCausalLM, AutoTokenizer

```
model_name = "deepseek-ai/deepseek-mistral-7b"
tokenizer = AutoTokenizer.from_pretrained(model_name)
model = AutoModelForCausalLM.from_pretrained(model_name)
```

配置 LoRA 参数：设置 LoRA 的训练参数，如低秩矩阵的秩、缩放因子等。

（代码语言 Python） from peft import LoraConfig, get_peft_model

```
lora_config = LoraConfig(
    r=8, # 低秩矩阵的秩
    lora_alpha=32, # LoRA 缩放因子
    lora_dropout=0.1, # dropout 率
    bias="none",
    target_modules=["q_proj", "v_proj"], # 仅对部分层进行微调
)
model = get_peft_model(model, lora_config)
model.print_trainable_parameters()
```

训练 LoRA 模型：使用训练数据集进行 LoRA 微调。

（代码语言 Python） from transformers import Trainer,

TrainingArguments

```
training_args = TrainingArguments(
    output_dir="./lora_model",
    per_device_train_batch_size=4,
    num_train_epochs=3,
    save_steps=100,
    logging_dir="./logs",
)
trainer = Trainer(
    model=model,
    args=training_args,
    train_dataset=my_train_dataset, # 替换为你的数据集
)
trainer.train()
```

7.3　私有库接入

7.3.1　DeepSeek 私有库接入概述

私有库接入是指将用户自有数据（如文档、知识库等）与人工智能模型相结合，使模型能够基于这些私有数据生成更精准、更个性化的回答。这一功能特别适合企业用户和专业人士，能够帮助他们更好地利用人工智能进行知识管理、客户服务、学术研究等。例如，一家法律事务所可以将大量的法律判例和法规文档接入 DeepSeek 私有库，使律师在处理案件时能够快速查询相关判例和法规，提高工作效

率和准确性。同样，一家医院可以将内部的诊疗手册和临床指南接入私有库，医生在日常工作中可以通过 DeepSeek 快速获取最新的诊疗信息，辅助诊断和治疗。私有库接入不仅能够提升专业服务的质量，还能确保用户数据的隐私和安全，避免敏感信息泄露。

DeepSeek 私有库接入的特点

高度灵活性

DeepSeek 的私有库接入功能具有高度灵活性，用户可以上传多种格式的文档，如 PDF、Word、Markdown 等，并根据需要设置调用关键词。这种灵活性使得用户能够根据不同的应用场景和需求，灵活地管理和使用自己的数据。例如，一家企业可能需要将内部的产品手册、客户反馈和市场研究报告接入私有库，通过设置不同的调用关键词，员工可以在日常工作中快速获取所需信息，提高工作效率。

数据安全性

私有库数据存储在用户指定的服务器上，确保数据的隐私和安全。这一点对于企业和专业人士尤为重要，因为他们处理的数据往往包含敏感信息。例如，金融机构需要处理大量的客户财务数据和交易记录，这些数据必须严格保密。通过将数据存储在私有服务器上，DeepSeek 能够确保这些数据不会被未经授权的第三方访问，从而保护用户的隐私和商业机密。

实时更新

用户可以随时更新私有库中的数据，确保模型能够基于最新的信息生成回答。这一特点使得用户能够及时反映行业动态和内部知识的变化。例如，科研机构在进行前沿研究时，需要不断更新实验数据和研究成果。通过实时更新私有库，研究人员可以确保 DeepSeek 在回答问题时使用的是最新的信息，从而提高研究的准确性和可靠性。

个性化服务

通过私有库接入，DeepSeek 能够为用户提供更加个性化、专业化的服务。例如，一家电商企业可以将产品知识库接入 DeepSeek，当客户咨询产品信息时，DeepSeek 能够根据客户的具体问题，从知识库中提取最相关的答案，提供精准的客户服务。这种个性化服务不仅提升了客户满意度，还增强了企业的竞争力。

7.3.2 DeepSeek 私有库接入的步骤

第一步：数据准备

在接入私有库之前，用户需要准备好相应的数据。这些数据可以是企业内部的知识文档、研究资料、客户反馈等。数据准备的步骤包括数据收集、数据清洗和数据格式化。

数据收集

用户需要收集并整理所有需要接入的数据。例如，一家医院可能需要将内部的诊疗手册、临床指南和病例记录整理成文档。这些数据可能分散在不同的部门和系统中，需要集中收集和整理，以便后续处理。

数据清洗

数据清洗是确保数据质量的关键步骤。用户需要删除重复内容，确保数据的准确性和一致性。例如，在整理法律判例库时，可能会发现多个文档中存在重复的案例描述。通过数据清洗，可以去除这些重复内容，提高数据的可用性。

数据格式化

将数据转换为 DeepSeek 支持的格式（如 PDF、Word、Markdown 等）。例如，用户可能需要将一些纸质文档通过扫描转换为 PDF 格式，或者将电子文档从其他格式（如 HTML）转换为 Word 或 Markdown 格式。这一步骤确保数据能够被 DeepSeek 正确读取和处理。

第二步：知识库训练

完成数据准备后，用户可以通过 DeepSeek 平台进行知识库训练。具体步骤包括创建知识库、上传数据和设置调用关键词。

创建知识库

在 DeepSeek 平台上创建一个新的知识库，并上传准备好的数据。例如，一家企业可以创建一个名为"产品知识库"的知识库，将所有产品的相关文档上传到该知识库中。通过创建知识库，用户可以将数据集中管理，方便后续的调用和更新。

上传数据

将准备好的数据上传到知识库中。DeepSeek 支持多种格式的文档，用户可以根据需要上传 PDF 、 Word 、 Markdown 等格式的文件。例如，一家科研机构可以将最新的研究成果以 PDF 格式上传到知识库中，确保 DeepSeek 能够基于这些数据生成回答。

设置调用关键词

为知识库设置调用关键词，方便在对话中快速调用。例如，用户可以为"产品知识库"设置调用关键词"产品信息"。当用户在对话中输入"@ 我的知识库 [产品信息]"时，DeepSeek 将自动调用该知识库中的数据，生成相关的回答。

第三步：调用与优化

知识库训练完成后，用户可以在对话中调用私有库，并根据需要进行优化。具体步骤包括调用知识库、提出问题和优化知识库。

调用知识库

在对话框中输入调用关键词，激活知识库。例如，用户可以输入"@ 我的知识库 [产品信息]"来调用"产品知识库"。通过调用关键词，用户可以快速激活知识库，获取所需的信息。

提出问题

向 DeepSeek 提出具体问题，系统将基于知识库生成回答。例如，用户可以询问："这款产品的保修政策是什么？"DeepSeek 将根据知识库中的数据，生成准确的回答。通过这种方式，用户可以快速获取所需的信息，提高工作效率。

优化知识库

定期检查知识库内容，更新过时信息，确保知识库的准确性和实用性。例如，企业可以定期更新知识库中的产品信息，确保客户获取的都是最新的内容。通过优化知识库，用户可以确保 DeepSeek 生成的回答始终基于最新的数据，提高服务的质量和可靠性。

7.3.3 DeepSeek 网页版搭建知识库

步骤一：下载安装 Cherry Studio。

步骤二：在 Cherry Studio 中添加对话模型。

首先点击"设置"，选择"模型服务"，在模型服务中寻找"硅基流动"，在右下方寻找并点击"硅基流动文档模型"。

图 7-8　添加对话模型 1

跳转页面后，在"推理模型"中寻找并复制 deepseek-ai/DeepSeek-R1 添加到对应框自动识别。

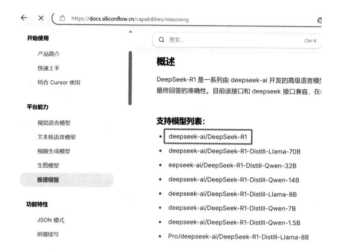

图 7-9　添加对话模型 2

识别方法为点击 Cherry Studio 原界面中左下角的"设置"图标，跳转后点击"添加"。

图 7-10　添加对话模型 3

步骤三：登录 / 注册硅基流动，生成并复制 API 密钥。

图 7-11　生成密钥

步骤四：回到 Cherry Studio，配置 API 密钥，点击右侧检查，选择对应模型。

图 7-12　配置密钥

步骤五：添加嵌入模型。在硅基流动的"模型广场"中选择"嵌入"，找到可供免费使用的 BAAI/bge-m3 进行测试使用，并将其添加到"模型 ID"中。

图 7-13 添加嵌入模型

步骤六：新建知识库。知识库入口在 Cherry Studio 左侧工具栏，点击知识库图标，点击"添加"，添加名称，开始创建知识库。

步骤七：点击 Cherry Studio 中的"新建知识库"，点击"添加文件"并向量化。

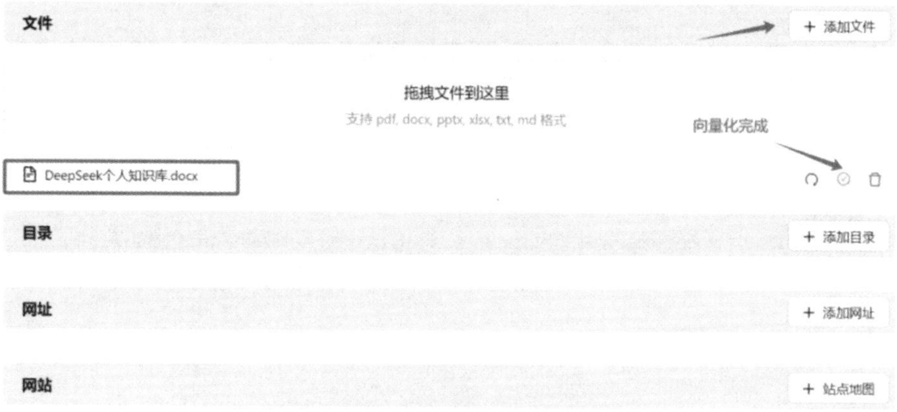

图 7-14 添加文件并向量化

步骤八：添加助手并配置对应模型。点击 Cherry Studio 中的"助手"，再点击自己已经创建的"新建知识库"，添加一个知识库助手并配置对应模型。

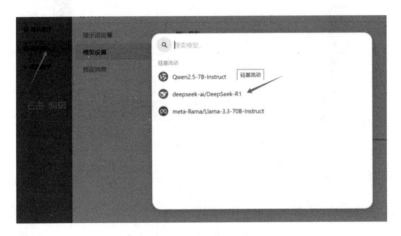

图 7-15　添加助手并配置对应模型

步骤九：在"新建知识库"中进行对话，可看到由自己新建知识库生成的回复内容和"DeepSeek 个人知识库"标识。

图 7-16　引用知识库生成回复

第 8 章　常见问题排雷手册

8.1　响应质量优化方案

随着信息技术的飞速发展，人工智能工具如雨后春笋般涌现。其中 DeepSeek 以其卓越的性能和广泛的应用场景受到了广泛关注。在这个数据爆炸的年代里，DeepSeek 的出现为我们提供了一个强大的助手，帮助我们在各个领域中提高工作效率，节省时间成本。然而，即便如此，对于零基础用户而言，如何有效地利用 DeepSeek 仍然是一个不小的挑战。为了解决用户在使用过程中遇到的问题，本节将深入探讨一些常见的响应质量问题，并提出针对性解决方案。希望能帮助用户优化使用体验，从而提高学习和工作效率。

8.1.1　响应质量问题的具体场景

信息过载问题

信息过载是许多用户在使用 DeepSeek 时遇到的首要问题之一。当面临海量的数据需要处理时，系统的响应质量可能会大幅下降。这往往是因为 DeepSeek 并不总能够准确理解用户，也可能难以生成足够精确的文本或图像来满足需求。例如，当用户要求模型基于用户的需求，生成关于人工智能研究现状及未来趋势的文章时，如果模型的训练数据有限，或者算法无法捕捉到某些关键信息，就可能导致生成的内容与实际需求存在偏差。

逻辑不连贯问题

当 DeepSeek 生成的内容缺乏逻辑连贯性时，会严重影响用户对内容的理解和信任度。这可能是因为 DeepSeek 在生成内容时未能充分考虑到上下文关系，或者训练数据过于有限，不足以涵盖所有相关领域。例如，在撰写学术论文时，如果模型无法正确解析文献资料的结构，那么生成的内容可能就会显得杂乱无章，不易被读者理解。

内容生成局限性问题

对于特定的专业领域来说，DeepSeek 生成的内容可能并不能完全满足需求。这通常是由于模型训练所使用的数据有限，或者算法对某些领域的知识覆盖不足造成的。例如，在科技领域，用户可能希望模型能够生成最新的技术进展报告；而在法律领域，可能需要模型提供专业的法律案例支持。这种局限性意味着用户不得不花费更多的时间和精力去筛选和验证数据，以确保内容的准确性和相关性。

8.1.2 解决方案

针对 DeepSeek 在使用过程中可能出现的响应质量问题，我们提出以下五个解决方案，以优化用户体验并提升系统性能：

第一，建议用户简化复杂问题的表述，将其分解为多个简单问题，这样不仅有助于简化沟通流程，还能显著提高响应速度和准确性；

第二，优化输入方式也是关键，用户应以更具体的语言表达需求，避免使用模糊或笼统的表达，这样可以帮助模型更好地理解用户意图并生成高质量内容；

第三，合理利用多轮对话功能，用户可以通过逐步调整提问的方式，逐渐获得满意的答案，从而更好地控制对话方向和深度，提升内容质量；

第四，对于专业性强的任务，建议结合专业资料或专家意见进行提问，确保获取最权威、最准确的答案；

第五，建立积极的反馈机制也是不可或缺的，用户应主动向 DeepSeek 提交反馈，这样既能够帮助开发者了解用户需求，又能推动模型的不断优化和改进。

8.1.3　实操案例

关于这方面内容，上文已有详细介绍，下面仅简单说明。

在学术论文撰写方面，学生可以通过设定明确的写作主题，比如"基于人工智能的研究现状与未来趋势分析"，并将数据分成支持、反驳和讨论三个部分，分别提出具体的问题，并向 DeepSeek 提供这些部分的具体数据支持，以此来提高 DeepSeek 的生成质量，同时增强论文的逻辑性和可读性。

在编写技术文档时，面对逻辑不连贯的问题，用户可以将 DeepSeek 的输出作为参考，结合实际操作经验，适当调整语句结构，确保文档描述的一致性和可读性。

在学术研究领域，研究人员可以先明确研究领域的关键词，再向 DeepSeek 提供具体的研究方向，从而获得更加精准和相关度更高的内容，这对于写研究综述尤为重要。

8.2 安全使用与管理手册

8.2.1 安全使用守则

在数字化迅速发展的今天，人工智能技术正以前所未有的速度改变着我们的生活和工作方式。DeepSeek 作为一款先进的人工智能工具，为用户提供了前所未有的机会去探索、创新和解决复杂问题。然而，这种强大能力的赋予，也意味着我们有相应的责任需要承担。安全、负责任地使用这些工具，对于保护个人隐私、维护网络安全以及促进健康的信息环境至关重要。因此，了解并遵守基本的安全使用守则，不仅能够帮助我们避免潜在的风险，还能最大化利用这项技术带来的机遇。以下是我们在使用 DeepSeek 时需要注意的几个重要方面：

避免传播有害内容

在使用 DeepSeek 时，我们应避免使用它来生成包含暴力、仇恨言论等的内容。例如，要求它生成宣扬对某个种族进行攻击的内容是严格禁止的。如果有人提出写一段歧视某个种族的语句这样的要求，那么他不仅违背了基本的道德准则，还可能引发严重的社会问题。DeepSeek 的设计初衷是为了促进积极、有益的交流与创新，而不是成为传播有害内容的工具。因此，我们在使用过程中应始终秉持尊重和包容的原则，避免任何可能引发负面后果的内容生成。

防止虚假信息传播

由于 DeepSeek 生成的内容可能不完全符合事实，因此在将其用于新闻、学术等严谨的领域时，必须进行核实。例如，在撰写一篇历史论文时，我们不能完全依赖它生成的内容。如果未经其他权威资料验证，直接引用它所写的关于某个历史事件发生的确切日期，可能会传播错误信息。在学术研究和新闻报道中，准确性是至关重要的。因此，我们在使用 DeepSeek 提供的信息时，应将其视为一种参考，而不是唯一的依据。通过结合多种权威资料进行验证，可以有效避免因依赖单一来源而导致的错误。

谨慎使用个人隐私信息

在使用 DeepSeek 时，切勿轻易输入自己或他人的敏感个人信息，如身份证号、银行卡号等。例如，提出"请根据我的身份证号生成一段个人介绍"这样的要求是极其危险的，因为这可能会带来个人信息泄露的风险。个人信息一旦泄露，可能会被不法分子利用，导致诸如身份盗窃、金融诈骗等一系列严重后果。因此，我们在使用 DeepSeek 时应始终保持警惕，避免输入任何可能危及个人隐私的信息。保护个人隐私不仅是对自己负责，也是对他人负责。

抵制非法使用

我们不能利用 DeepSeek 来策划或协助任何违法犯罪活动。例如，要求它提供盗窃的具体方法或者如何进行诈骗等违法犯罪相关内容是严格禁止的。DeepSeek 是一款旨在促进合法、有益应用的人工智能工具，任何试图将其用于非法目的的行为都是不可接受的。我们应该始终遵守法律法规，将 DeepSeek 用于合法、正当的场景，共同维护一个健康、安全的网络环境。

避免过度依赖产生误导

尽管 DeepSeek 具有强大的功能，但它只是一个工具，在重要决策等场景下不能完全依赖其输出。例如，在医疗决策方面，不能仅仅根据它提供的医疗建议进行治疗。如果有人得了某种病，直接按照它提供的药方去买药服用，是非常危险的。医疗决策需要基于专业的医学知识和医生的诊断。DeepSeek 可以提供一些参考信息，但不能替代专业医生的建议。在涉及健康、法律、财务等重要领域的决策时，我们应该咨询专业人士的意见，而不是盲目依赖人工智能工具的输出。

总之，DeepSeek 为我们提供了一个强大的工具来探索和创新，但在使用过程中，我们必须始终牢记安全和责任。通过避免传播有害内容、防止虚假信息传播、谨慎使用个人隐私信息、抵制非法使用以及避免过度依赖产生误导，确保在享受人工智能带来的便利的同时，也能维护一个安全、健康、负责任的使用环境。希望每一位 DeepSeek 的使用者都能遵守这些基本守则，共同推动人工智能技术的健康发展。

8.2.2　安全管理指南

类型一：身份验证与权限控制

在使用深度学习模型时，确保模型和服务的安全性至关重要。身份验证和权限控制是保护模型和数据不被未授权访问的基础。通过设置合理的身份验证和权限管理，可以有效防止数据泄露和服务被滥用。以下是对常见问题的详细解释以及相应的解决方案。

常见问题

未授权访问。未授权访问是指服务被非法用户访问，从而导致数据泄露或服务被篡改。例如，假设一个在线教育平台的用户数据存储系统存在安全漏洞，黑客通过非法手段获取了访问权限，篡改了用户的学习记录和成绩信息。这种未授权访问不仅会破坏数据的完整性，还可能对用户的个人隐私和平台的声誉造成严重影响。为了避免这种情况，我们需要加强身份验证和权限控制机制。

权限设置不合理。权限设置不合理是指用户可能拥有过多或过少的权限，从而影响数据访问和管理。例如，在一个企业内部的文件管理系统中，如果普通员工被赋予了管理员权限，他们可能会误操作或故意篡改重要文件，导致数据丢失或混乱。相反，如果用户权限过少，他们可能无法完成正常的工作任务，影响工作效率。为了避免这种情况，我们需要合理分配用户权限，确保每个用户都能在其职责范围内安全地访问和管理数据。

解决方案

API 密钥与访问验证。为了确保外部服务的安全访问，采用 API 密钥机制对用户身份进行验证。我们可以通过为每个授权客户端分配唯一的 API 密钥，有效控制访问权限，防止未经授权的第三方访问。例如，在一个医疗影像服务中，医院的影像科医生需要通过 API 密钥访问患者的影像数据。通过这种方式，我们可以确保只有经过授权的医生才能访问患者的敏感信息，从而保护患者的隐私。在实际应用中，API 密钥还可以与 IP 地址绑定，进一步增强安全性。例如，只有来自医院内部网络的请求才会被接受，从而防止外部非法访问。

权限分配与角色管理。为了实现精细化的权限管理，设计多层级的角色体系。将用户设置为不同的角色（如管理员、普通用户、客服等），根据不同角色的需求，灵活配置其访问权限。例如，在图像分类服务中，管理员角色可以查看和编辑用户数据，修改用户权限，而普通用户则仅限于上传和查询图像信息。在权限分配过程中，可以采用分级审批机制，确保敏感权限的变更必须经过多级审批流程。例如，在企业的人力资源管理系统中，修改员工薪资信息需要经过部门经理和 HR 的双重审批，从而防止权限滥用。通过这种方式，我们可以确保每个用户都能在其职责范围内安全地访问和管理数据，同时避免权限设置不合理带来的风险。

多因素认证与安全审计。为了提升账户安全性，结合多因素认证（MFA）和日志审计机制，全面保护用户的账户信息。在登录过程中，要求用户设置手机验证码和密码等多重认证方式，确保即使密码被泄露，也需要通过手机验证码才能完成登录。此外，还可以通过日志审计机制记录用户的操作行为，以便在发生安全事件时能够快速追溯和定位问题。例如，在一个电子商务平台中，系统会记录用户的登录时间、IP 地址、操作内容等信息，一旦发现异常行为，可以及时采取措施。

类型二：数据隐私与安全

无论是训练数据还是推理数据，保护用户隐私和数据安全都是至关重要的。通过合理的数据清洗和脱敏处理，可以确保数据在传输和存储过程中的安全性。以下是对常见问题的详细解释以及相应的解决方案。

常见问题

数据泄露。数据在传输过程中被截获或篡改是常见的安全问题。例如，假设一个在线支付系统在处理用户支付信息时，数据未经过加密处理，导致支付信息在传输过程中被黑客截获。黑客可能会利用这些信息进行非法交易，给用户带来经济损失。为了避免这种情况，我们需要确保数据在传输过程中的安全性。

数据未经授权访问。数据存储中存在安全漏洞，导致数据被未授权访问，也是一个常见的问题。为了避免这种情况，我们需要加强数据存储的安全性。

解决方案

数据清洗与脱敏处理。为了确保数据在传输和存储过程中的安全性，可以对敏感数据进行脱敏处理。例如，在一个医疗记录分析服务中，用户数据经过脱敏处理后，仅显示病人 ID 而不显示其真实姓名。这种处理方式可以有效保护患者的隐私，同时不影响数据分析的准确性。再例如，对于电话号码，可以将中间几位数字替换为星号（如138****1234），从而在保留数据格式的同时保护用户的隐私。

数据访问与权限控制。为了防止数据未经授权被访问，可以使用访问控制列表（ACL）来限制数据访问权限。例如，在一个企业人力资源系统中，仅授权 HR 和部门经理可以查看和编辑员工数据。这种权限控制机制可以有效防止未经授权的用户访问敏感数据。在实际应用中，我们可以通过设置用户角色和权限级别来实现访问控制。例如，普通员工只能查看自己的信息，而 HR 和部门经理可以查看和编辑所有员工的信息。此外，还可以通过日志记录和审计功能来监控数据访问行为，及时发现和处理异常访问。

数据泄露与应急响应。为了应对数据泄露事件，需要制定数据泄露应急预案，包括快速响应和数据修复措施。应急预案应包括以下内容：首先，立即切断数据泄露的源头，防止进一步的数据泄露；其次，通知受影响的用户，告知他们数据泄露的情况和可能的风险；最后，对泄露的数据进行修复和恢复，确保数据的安全性和完整性。

类型三：使用限制与责任划分

为了确保 DeepSeek 模型的可靠性和服务的稳定性，防止模型被滥用或导致服务中断，需要对模型的使用进行合理的限制，并明确服务提供商与用户的责任范围。以下是对常见问题的详细解释以及相应的解决方案。

常见问题

　　调用次数超限。在实际应用中，用户可能会因为频繁调用模型而导致调用次数超出限制，从而引发服务器崩溃。例如，一个在线翻译服务的用户在短时间内频繁发送大量翻译请求，超过了系统设定的调用次数限制，可能导致服务器过载，进而影响其他用户的正常使用。为了避免这种情况，需要对调用次数和速率进行合理限制。

　　模型输出错误。模型输出错误是一个常见的问题，可能导致严重的后果，如经济损失或法律纠纷。例如，在金融风险评估模型中，如果模型错误地预测了某项投资的风险等级，可能会导致投资者做出错误的决策，从而造成经济损失。为了避免这种情况，需要对模型输出进行严格的审核和校验。

解决方案

　　调用次数与速率限制。为了防止用户调用次数超出限制，导致服务器过载，可以采用速率限制器（如 Redis Rate Limiter）来限制调用次数和速率。以天气预报服务为例，服务提供商可以设定每个用户每日查询天气的次数上限为 100 次。这种限制不仅能够保护服务器免受过载压力，还能确保所有用户都能公平地使用服务。通过这种方式，我们可以有效避免因调用次数过多而导致的服务中断问题。

　　模型输出审核与校验。为了确保模型输出的准确性和合法性，需要对模型的输出结果进行严格的审核和校验。以自动驾驶系统为例，模型需要准确识别交通信号灯的位置和颜色。在实际应用中，系统会通过多层校验机制来确保模型输出的准确性。例如，系统可以结合多个传感器的数据进行交叉验证，确保模型输出的交通信号灯位置和颜色与实际情况一致。此外，还可以设置人工审核环节，对模型输出的关键信息进行复核。通过这些措施，可以最大限度地减少因模型输出错误而导致的风险。

服务提供商与用户责任划分。明确服务提供商和用户的责任范围是确保模型和服务稳定性的关键。服务提供商需要确保模型的准确性和可靠性，并对模型输出错误导致的用户损失承担部分责任。例如，如果自动驾驶系统因模型输出错误导致事故，服务提供商需要承担相应的法律责任。同时，用户也需要确保输入数据的准确性和合法性。例如，在金融风险评估模型中，用户需要提供真实、准确的财务数据，否则因输入错误导致的模型输出错误，用户需要自行承担责任。通过制定详细的服务协议，明确双方的责任和义务，可以有效减少因责任不明确而导致的纠纷。

8.3 算力资源管理

8.3.1 什么是算力资源管理？

算力资源管理是一种对计算能力（简称"算力"）进行合理分配、调度和监控的过程。在当今数字化时代，计算任务变得日益复杂，尤其是对于需要大量计算资源支持的人工智能和深度学习任务。算力资源管理的核心目标是确保有限的计算资源能够被高效利用，从而在最短的时间内完成任务，同时降低成本。例如，在一个大型数据中心中，算力资源管理可以确保多个用户同时使用计算资源，每个用户都能获得足够的算力支持，而不会相互干扰。通过优化资源分配，算力资源管理能够提高整体的计算效率，确保任务的顺利进行。

在 DeepSeek 中，算力资源管理是确保人工智能模型训练和推理高效运行的关键技术。DeepSeek 通过先进的调度算法和资源监控系统，对计算资源进行动态分配和优化。例如，在训练一个复杂的深度学习模型时，DeepSeek 的算力资源管理系统可以实时监控计算任务的进度，并根据任务需求动态调整分配给该任务的 GPU 资源。这种智能的资源管理方式不仅提高了模型训练的速度，还降低了训练成本。同时，DeepSeek 还通过优化算法减少了计算过程中的资源浪费，确保了在有限的硬件资源下，能够高效完成复杂的计算任务。通过这种方式，DeepSeek 的算力资源管理为用户提供了一个高效、可靠的人工智能开发环境。

8.3.2　为什么进行算力资源管理？

我们所使用的算力资源总体来说依旧是有限的，通过优化算力分配，可以显著提高模型训练和推理的速度，减少不必要的等待时间。良好的资源管理策略能够增强系统的可扩展性，帮助其更好地应对数据量增长或复杂度增加的情况。对于实时应用来说，有效的资源管理还能够保证服务响应速度和服务质量，提升用户体验。

在科学研究中，尤其是涉及复杂计算和模型训练的领域，成本往往是限制科研进展的重要因素之一。DeepSeek 的算力资源管理通过优化训练算法和资源分配方式，为科研人员带来了显著的成本优势。例如，DeepSeek-V3 模型仅用 557.6 万美元和 2048 块 H800 GPU

完成训练，相比传统方式，这种高效的资源管理极大地降低了科研成本。此外，DeepSeek 还通过开源商用授权政策，允许科研人员自行部署和优化模型，进一步降低了入门门槛，让更多人能够参与到前沿的科研工作中。这种成本上的优势不仅让科研工作更加可行，也为科研创新提供了更广阔的空间。

除需要考虑成本之外，处理复杂任务的能力也是衡量科研水平的重要标准之一。DeepSeek 的算力资源管理通过多项先进技术，为科研人员提供了强大的支持。例如，其混合专家系统（MoE）和多头潜在注意力机制（MLA）等技术，使得模型在处理复杂推理任务时更加高效。这为科研领域中需要高精度和高响应速度的复杂分析提供了有力保障，例如在数学推理、逻辑分析等任务中表现优异。此外，DeepSeek 的技术创新还推动了国产算力芯片的发展。例如，其自行编写的 PTX 代码打破了 CUDA 标准库的壁垒，为非英伟达算力芯片软件的发展提供了机会，加速了算力资源的国产化进程。

8.3.3 算力资源管理系统具体是如何工作的？

DeepSeek 的算力资源管理系统通过一系列先进的技术和策略，确保计算资源能够被高效、灵活地分配和利用。以下是其主要工作机制：

动态资源分配

DeepSeek 的算力资源管理系统可以根据用户任务的优先级和资源需求，动态地分配计算资源。例如，当用户提交了一个复杂的深度学习模型训练任务时，系统会自动评估该任务所需的 GPU 数量和内存大小，并根据当前资源的使用情况，合理分配资源。如果系统检测到某个任务的资源需求突然增加，它会自动调整资源分配，确保任务能够顺利进行。这种动态资源分配机制不仅提高了资源利用率，还减少了用户等待时间。

智能调度算法

DeepSeek 采用了先进的智能调度算法，能够根据任务的复杂程度和紧急程度进行优化调度。例如，在一个包含多个任务的队列中，系统会优先处理那些对时间敏感的任务，如实时推理任务，同时合理安排计算资源较为密集的训练任务。通过这种方式，DeepSeek 能够确保高优先级任务能够快速完成，同时也不会忽视低优先级任务的执行。这种智能调度算法大大提高了系统的整体效率和响应速度。

实时监控与优化

DeepSeek 的算力资源管理系统具备实时监控功能，能够实时跟踪计算资源的使用情况和任务的执行状态。系统会定期收集资源使用数据，并通过数据分析优化资源分配策略。例如，如果系统发现某个任务的资源利用率较低，它会自动调整资源分配，将多余的资源分配给其他需要的任务。这种实时监控和优化机制不仅提高了资源的利用效率，还减少了资源浪费，确保了系统的高效运行。

多层级资源管理

DeepSeek 的算力资源管理系统支持多层级的资源管理，能够满足不同用户和任务的需求。例如，系统可以为不同的用户组分配不同的资源配额，确保每个用户组都能在自己的资源范围内高效运行任务。同时，系统还支持用户自定义资源管理策略，用户可以根据自己的需求设置资源分配的优先级和限制条件。这种多层级资源管理机制不仅提高了系统的灵活性，还增强了用户体验。

故障恢复与容错机制

DeepSeek 的算力资源管理系统具备强大的故障恢复和容错机制。如果某个计算节点出现故障，系统会自动检测到故障并重新分配任务到其他可用节点，确保任务的连续性。例如，在一个分布式训练任务中，如果某个 GPU 节点出现故障，系统会将该节点的任务迁移到其他正常运行的节点上，继续执行任务。这种故障恢复和容错机制大大提高了系统的可靠性和稳定性，减少了因硬件故障导致的任务中断风险。

8.3.4 如何进行算力资源管理？

对于零基础的 DeepSeek 使用者来说，算力资源管理可能听起来有些复杂，但不用担心，DeepSeek 提供了一系列简单易用的工具和界面，帮助你高效地管理算力资源。以下是一些基本建议，帮助你快速上手：

了解基本概念

在开始之前，建议你先了解一些基本的算力资源管理概念，比如 CPU、GPU、内存等，以及它们在深度学习任务中的重要性。

DeepSeek 通常会提供一些入门教程和文档，帮助你快速掌握这些基础知识。

使用 DeepSeek 的可视化界面

DeepSeek 为用户提供了直观的可视化界面，即使是零基础的使用者也能轻松上手。通过这个界面，你可以：

查看资源使用情况：实时监控当前的算力资源使用情况，包括 CPU 、GPU 和内存的使用率。

提交任务：在界面中提交你的深度学习任务，并设置任务的优先级和资源需求。

调整资源分配：根据任务的进度和资源使用情况，手动调整分配给任务的资源。

利用预设的资源管理策略

DeepSeek 内置了一些预设的资源管理策略，这些策略是根据常见的深度学习任务场景设计的，适合新手使用。例如：

自动调度策略：系统会根据任务的复杂程度和紧急程度自动分配资源，你无须手动干预。

优先级策略：你可以为不同的任务设置优先级，系统会优先处理高优先级的任务。

学习简单的资源管理命令

虽然可视化界面非常方便，但有时候通过命令行进行资源管理会更加高效。DeepSeek 提供了一些简单的命令行工具，帮助你快速掌握资源管理。例如：

查看资源状态：使用命令 deepseek status 可以查看当前的资源使用情况。

提交任务：使用命令 deepseek submit 提交任务，并指定资源需求。

调整资源分配：使用命令 deepseek adjust 手动调整任务的资源分配。

参考案例和社区经验

DeepSeek 社区中有许多其他用户分享的案例和经验，你可以参考这些内容来学习如何更好地管理算力资源。例如：

图像识别任务：用户 A 分享了他在处理大规模图像识别任务时的资源管理经验，包括如何设置 GPU 数量和内存限制。

自然语言处理任务：用户 B 分享了他在训练语言模型时的资源优化策略，帮助你避免资源浪费。

逐步实践和优化

算力资源管理是一个需要不断实践和优化的过程。建议你从简单的任务开始，逐步熟悉 DeepSeek 的资源管理功能。在实践中，你可以：

从小规模任务开始：先提交一些小规模的任务，观察资源使用情况和任务执行时间。

调整资源分配：根据任务的实际需求，逐步调整资源分配，找到最适合你的任务的资源配置。

记录和总结经验：每次任务完成后，记录资源使用情况和任务执行时间，总结经验教训，以便在后续任务中更好地管理资源。

通过以上步骤，即使是零基础的 DeepSeek 使用者也能逐步掌握算力资源管理的基本技能。希望这些建议能帮助你更好地利用 DeepSeek 的算力资源，高效地完成你的深度学习任务。

进阶篇

探索 DeepSeek 更多可能

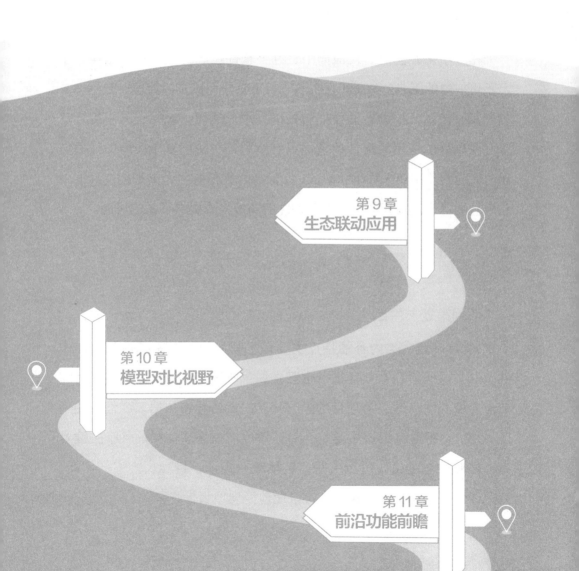

第 9 章
生态联动应用

第 10 章
模型对比视野

第 11 章
前沿功能前瞻

第 9 章　生态联动应用

9.1　与办公软件集成技巧（Word/Excel）

在数字化办公的时代浪潮中，办公软件已成为我们日常工作、学习不可或缺的工具。Word、Excel、PPT 分别在文档处理、数据运算与展示、演示汇报等方面发挥着关键作用。然而，如何进一步提升这些办公软件的使用效率，让它们更好地服务于我们复杂多样的任务需求，成为众多用户关注的焦点。DeepSeek 凭借其强大的智能交互能力和丰富的功能，为我们实现办公软件的高效集成提供了新的可能。

9.1.1　与 Word 集成

项目策划书生成

项目策划书类内容的特点主要在于其前瞻性、系统性和可操作性。这类写作旨在对项目进行全面规划，明确项目目标、任务、时间节点、资源需求等，为项目的顺利开展提供指导和依据。我们在使用 DeepSeek 写项目策划书类内容时，需要清晰阐述项目的各个关键要素，按照规范的格式进行书写，包括项目背景、目标、方案、预算、风险评估等板块，以便完整且有条理地呈现项目信息。

对于一般的项目策划书，以 DeepSeek 为例，我们可以按照以下流程写作：

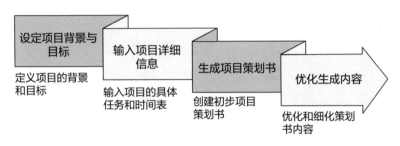

图 9-1　项目策划书生成步骤

设定项目背景与目标

要让 DeepSeek 了解项目开展的背景，为什么要进行这个项目，以及期望达成的目标是什么。比如，是为了推出一款新的产品，开拓新市场，还是优化现有业务流程等。我们要将这些背景和目标清晰准确地传达给 DeepSeek。

输入项目详细信息

向 DeepSeek 输入具体的项目内容，涵盖项目涉及的各项任务、执行步骤、参与人员、时间安排等，尽可能详细具体，让 DeepSeek 能全面把握项目情况。例如，项目分几个阶段，每个阶段的起止时间，各阶段的主要任务和负责人员等。

在策划"618 促销活动"时，可将活动分为筹备期、预热期、正式活动期和收尾期。

筹备期为 5 月 1 日—5 月 20 日，主要任务包括确定活动方案、完成商品选品、与供应商沟通协调等，由运营团队主导。

预热期为 5 月 21 日—5 月 31 日，宣传推广活动信息，通过社交媒体、短信推送等方式吸引用户关注，运营团队和客服团队共同协作。

正式活动期为 6 月 1 日—6 月 20 日，各团队按职责分工全面执行活动内容。

收尾期为 6 月 21 日—6 月 30 日，主要进行订单处理、客户反馈收集等工作，物流团队和客服团队承担主要工作。

生成项目策划书

对于输入的信息，DeepSeek 会依据其训练数据和算法生成一份项目策划书。在这个过程中，它会以合理的逻辑结构和专业的语言，对项目背景、目标、任务等内容进行组织和呈现。在 DeepSeek 生成项目策划书后，需要根据实际情况对内容进行优化和调整。检查是否存在逻辑漏洞、数据错误或表述模糊的地方，并进行修改完善，使策划书更加精准、易懂、具有实际指导意义。如果觉得生成的内容不够细致或重点不突出，还可以进一步向 DeepSeek 提出要求，如细化某个部分的内容、突出关键指标等。假设你是一家电商公司的运营人员，要策划一场"618 促销活动"，你可以提出要求："请根据以下内容写一份项目策划书：本次活动的目标是在 618 期间销售额增长 30%，活动时间为 6 月 1 日—6 月 20 日，活动内容包括满减优惠、限时折扣、赠品活动等，参与人员有运营团队、客服团队、物流团队等。"若发现风险评估部分对风险的应对措施不够具体，可要求 DeepSeek 进一步细化，如对于服务器压力问题，详细说明如何进行压力测试，扩容的具体方案和预算等。

1. 团队分工

部门	职责	时间节点
运营团队	活动策划、页面设计、数据监控	5月20日前完成方案
客服团队	话术培训、实时答疑、客诉处理	5月25日完成培训
物流团队	仓库备货、打包时效优化、异常订单处理	6月1日前完成库存盘点
市场团队	广告投放（抖音/小红书）、KOL合作	5月28日启动预热宣传

2. 关键节点

- **5月20日**：完成活动方案及预算审批。
- **5月25日**：上线预售页面，开启优惠券领取。
- **6月1日**：启动预热期活动，投放首波广告。
- **6月16日**：开启爆发期限时折扣，同步直播引流。
- **6月20日**：活动结束，启动用户满意度调研。

六、预算与ROI

项目	预算	预期效果
满减让利	15万元	带动60%订单参与满减
广告投放	8万元	触达50万用户，转化率3%
赠品成本	5万元	提升客单价20%
总预算	**28万元**	**ROI目标：1:4.5**

七、风险控制

1. **流量不足**：提前储备小红书/抖音腰部达人合作备选名单。

图 9-2 生成项目策划书

关于策划书内容的优化和细化，前面已讲了很多，这里不再赘述。

各种题材文章生成

在实际撰写文档过程中，以"企业年度市场分析报告"为例。当你在 DeepSeek 中输入"企业年度市场分析报告，本年度公司在华东地区市场销售额增长 15%，主要得益于新产品推出，但在华南地区市场份额受到竞争对手冲击下降了 10%"等关键信息后，DeepSeek 会生成报告大纲。如开篇阐述整体市场业绩概况；中间部分分别对各地区市场情况进行详细分析，包括增长或下降原因、竞争对手情况等；结尾提出应对策略和下一年度市场规划建议。

图 9-3　写市场分析大纲

　　将生成的大纲复制到 Word 文档中，按照规范进行排版。比如，设置标题格式为宋体二号加粗，正文为宋体小四号，段落间距为 1.5 倍。

　　在分析华东地区市场增长原因时，如果思路受限，选中已写的简单描述"华东地区市场销售额增长 15%，主要得益于新产品推出"，通过安装的 DeepSeek for Word 插件（可在 DeepSeek 官网或相关应用商店下载安装），点击插件上的"智能续写"按钮（不同插件可能按钮名称不同，以实际为准）。DeepSeek 会基于已有内容生成更详细的描述，比如"华东地区市场销售额增长 15%，主要源于本年度推出的新产品满足了当地消费者的个性化需求。通过市场调研发现，华东地区消费者对产品的智能化和便捷性要求较高，新产品搭载的智能系统和便捷操作功能，正好契合了这一需求。同时，在华东地区开展的一系列营销活动，如新品体验会、线上推广等，覆盖了当地超过 50 万潜在客户，有效提升了新产品的知名度和市场占有率"。将这些内容整合进 Word 文档，丰富报告内容。

DeepSeek 在内容创作领域堪称一把利器，能够满足多样化的创作需求。

对于文学创作爱好者来说，当你想要创作一篇充满奇幻色彩的小说时，只需在输入框中输入"创作一篇以神秘森林为背景的奇幻小说，主角是一名勇敢的少年，他在森林中寻找失落的魔法宝石，途中会遇到各种神奇的生物和艰难的挑战，要求故事情节跌宕起伏，充满悬念"，DeepSeek 就会迅速运转，凭借其强大的语言生成能力和丰富的知识储备，为你生成一个精彩的小说大纲，从故事的开篇引入，到主角在神秘森林中的种种奇遇，再到最终的结局，每个情节都构思巧妙，为你的创作提供清晰的框架和灵感源泉。

> 创作一篇以神秘森林为背景的奇幻小说，主角是一名勇敢的少年，他在森林中寻找失落的魔法宝石，途中会遇到各种神奇的生物和艰难的挑战，要求故事情节跌宕起伏，充满悬念。

好的，我将按照您的要求创作一篇奇幻小说。为了让故事更加生动，我会先列出一些基本的设定。请您看看以下内容是否符合您的预期。如果您有其他想法，可以随时提出，我会进行调整。

世界观设定

- **时间设定**：现代与魔法并存的时代，人类世界与魔法世界相互交织。
- **地点设定**：故事发生在一片神秘森林中，这里栖息着各种魔法生物，是连接人类世界与魔法世界的特殊地带。
- **基本背景**：森林中隐藏着传说中的魔法宝石，它维系着两个世界的平衡。森林本身具有生命，能够感知外来者的意图并做出反应。

章节概要

- **第一章：神秘来信**：艾伦收到一封神秘信件，得知魔法森林的存在和魔法宝石的传说。
- **第二章：森林入口**：艾伦来到森林边缘，遇到会说话的白兔，获得进入森林的指引。
- **第三章：月光蝶群**：在月光蝶的指引下，艾伦找到通往森林深处的道路。
- **第四章：暗影危机**：遭遇暗影猎手的袭击，在千钧一发之际被神秘力量所救。
- **第五章：精灵村落**：遇见守护者精灵族，得知更多关于魔法宝石的真相。

我们将重点描写艾伦初入森林时的遭遇，展现神秘森林的奇幻氛围，以及主角面对危险时的勇气。

图 9-4　写小说

在文案撰写方面，DeepSeek 同样表现出色。假设你是一名电商运营人员，需要为一款新上市的智能手表撰写宣传文案，你可以这样下达指令："请为新上市的智能手表撰写一篇宣传文案，突出其具备的健康监测功能，如精准的心率、睡眠监测，以及时尚的外观设计和便捷的智能交互，文案要简洁明了、富有吸引力，能够激发消费者的购买欲望。"

DeepSeek 很快就能生成一篇极具感染力的文案，它会详细描述智能手表的各项优势，用生动的语言将产品的特点展现出来，让消费者一眼就能被吸引，从而有效地提升产品的宣传效果。

请为新上市的智能手表撰写一篇宣传文案，突出其具备的健康监测功能，如精准的心率、睡眠监测，以及时尚的外观设计和便捷的智能交互，文案要简洁明了、富有吸引力，能够激发消费者的购买欲望。

✍ 掌控健康，智享生活 —— 全新XX智能手表耀目登场

你是否渴望拥有一款科技与时尚完美融合的智能手表？你是否希望随时掌握自身健康状况，开启更健康的生活方式？全新XX智能手表，为你而来！

精准健康监测，你的私人健康管家

- **24小时心率监测**：采用先进的光学传感器，实时监测心率变化，运动时精准捕捉心率区间，助你高效燃脂，远离运动风险。
- **专业睡眠分析**：自动识别睡眠阶段，记录深睡、浅睡、REM睡眠时长，提供个性化睡眠建议，助你告别失眠困扰，拥抱优质睡眠。
- **更多健康功能**：血氧检测、压力监测、女性健康管理等，全方位守护你的身心健康。

时尚设计，彰显个性品味

- **多款表带选择**：真皮、硅胶、金属等多种材质表带，满足不同场合佩戴需求，轻松搭配各种风格。

图 9-5　写广告语

如果是新闻写作，你可以输入具体的新闻事件和要求，比如提出"重点描述比赛的精彩瞬间、参赛选手的拼搏精神以及比赛的圆满结束，字数控制在 300 字左右"等要求。DeepSeek 会依据这些信息，生成一篇结构清晰、内容翔实的新闻报道，从比赛的开场盛况，到选手们在赛道上的激烈角逐，再到赛后的颁奖仪式等，都能进行全面且生动的描述，满足新闻传播的需求。

为2024年11月3日举办的北京马拉松比赛撰写一篇新闻报道，重点描述比赛的精彩瞬间、参赛选手的拼搏精神以及比赛的圆满结束，字数控制在300字左右。

⟳ 已搜索到 49 个网页 ›

2024北京马拉松圆满落幕，3万名跑者激情奔跑"双奥之城"

2024年11月3日，2024贝壳北京马拉松暨全国马拉松锦标赛在北京鸣枪起跑。清晨7时30分，3万名跑者从天安门广场出发，途经海淀蓝靛厂北路等标志性路段，最终抵达奥林匹克公园中心区景观大道，用脚步丈量"双奥之城"的魅力 ⑥ ⑧ 。

本次比赛吸引了众多国内外顶尖选手参赛。埃塞俄比亚选手莱米·伯哈努·海勒以2小时09分16秒的成绩夺得男子组冠军，而肯尼亚选手维科蒂·切蓬杰诺则以2小时21分56秒的成绩摘得女子组桂冠 ② ⑥ 。中国选手同样表现亮眼，陈天宇以2小时09分48秒的成绩卫冕国内男子组冠军，刘敏则以2小时28分36秒的成绩刷新个人最好成绩，首次夺得国内女子组冠军。她在赛后激动落泪，坦言"不想辜负每天的付出" ② ⑥ 。

图 9-6　写新闻稿

再比如，你想去云南旅游，时间是 10 天，你希望深度体验当地的少数民族文化，还想欣赏独特的自然风光，且预算较为充足，对住宿品质有一定要求。你可以对 DeepSeek 说："我有 10 天时间去云南旅游，想深度体验少数民族文化和欣赏自然风光，住得舒适些，帮我规划一个行程。"

它可能会给出这样的行程：

- **Day 1**: 抵达昆明
  - 下午：漫步 **昆明老街**，感受明清建筑与市井烟火，品尝过桥米线、汽锅鸡 ⑭ 。
  - 晚上：入住 **翠湖周边精品酒店** (如翠湖宾馆)，方便次日游览。
- **Day 2**: 石林与民族风情
  - 上午：前往 **石林风景区**，探索喀斯特地貌奇观，重点游览 **大石林** 和 **乃古石林** (人少景美)。
  - 下午：驱车至 **九乡风景区**，体验溶洞与峡谷结合的壮丽景观。
  - 晚上：返回昆明，推荐 **斗南花市夜市**，体验亚洲最大鲜花交易市场的夜间繁华 ⑭ 。

图 9-7　写旅游计划

大部分行程都配合上了相关的新闻链接，确保信息的准确性和时效性。同时，它会提供详细的交通方式、景点门票、特色美食以及住宿推荐，满足你对高品质旅行的需求。

9.1.2　与 Excel 集成

数据处理与分析

假设你有一份销售数据表格，包含"产品名称""销售数量""单价"等字段。把数据复制到 DeepSeek 中，向它提问计算产品总销售额。

	A	B	C
1	产品名称	销售数量	单价
2	手机	12	12
3	平板	5	23
4	电脑	3	78
5			
6			

图 9-8　表格 1

以表格 1 为例，将表格 1 保存好后，通过 DeepSeek 的"上传附件"按钮上传表格数据。

图 9-9　上传表格至 DeepSeek

接下来明确任务要求：计算总销售额，并且进行预测分析。我们会得到如下答案：

2. **Sheet2（总销售额计算）**：
   - ○ **手机**：12 × 12 = **144**
   - ○ **平板**：5 × 23 = **115**
   - ○ **电脑**：3 × 78 = **234**
   - ○ **总销售额** = 144 + 115 + 234 = **493**

预测分析与建议：

- **短期预测**：若下个月销量保持稳定，预计总销售额仍为 **493**。若销量增长10%，则预测总销售额为 **493 × 1.1 ≈ 542**。
- **产品策略**：
  - ○ 电脑单价高（78），建议优先推广以提升利润；
  - ○ 手机销量最高（12），可优化供应链确保库存；
  - ○ 平板销量低（5），需考虑促销活动或市场调研。

图 9-10　表格总结

然后将这些处理结果和分析结论以合适的格式粘贴到 Excel 表格中，或者在 Excel 中创建新的图表，依据 DeepSeek 的分析结果来展示数据趋势。

公式与函数帮助

当你在 Excel 中使用 VLOOKUP 函数查找数据时，若不清楚函数参数的具体设置，在 DeepSeek 中输入 "Excel 中 VLOOKUP 函数如何在销售数据表格中查找某产品的销售额"，DeepSeek 会详细解释函数的每个参数的含义，如查找值、数据表、列序数、匹配条件等，并给出针对你销售数据表格的具体公式示例，你按照示例在 Excel 中设置公式，就能准确获取所需数据。

⊗ 已深度思考（用时 36 秒）　∨

在Excel中使用VLOOKUP函数查找某产品的销售额，具体步骤如下：

步骤说明

假设销售数据表格结构如下（与问题中的Sheet2一致）：

产品名称	销售数量	单价
手机	12	12
平板	5	23
电脑	3	78

目标：通过产品名称（如"手机"）查找其对应的销售额（销售数量 × 单价）。

方法1：直接计算销售额

如果表格中未预存"销售额"列，需实时计算：

```excel
=VLOOKUP("手机", A2:C4, 2, FALSE) * VLOOKUP("手机", A2:C4, 3, FALSE)
```

- **公式解析**：
  - 第一个 **VLOOKUP** 提取"手机"的销售数量（第2列）。

图 9-11　运用函数

普通代码设计

最后，我们可以进行一个 DeepSeek 在 Excel 软件上对于普通代码的设计。

如下图所示的工作表，需要根据列 A 中的数据拆分工作表，即将相同的区域拆分到独立的工作表中。

	A	B	C	D
1	小学名称	男生	女生	
2	滨河小学	21	51	
3	南城小学	32	32	
4	城东小学	54	12	
5	南城小学	21	11	
6	城东小学	12	8	
7	滨河小学	26	16	

图 9-12　表格 2

那么接下来我们可以打开 DeepSeek，并发送消息："Excel 工作表第一行是标题，根据列 A 中的数据拆分该工作表，将列 A 中相同的数据及其所在行放置到单独的工作表中，请问怎么用 VBA 来实现？"然后我们会得到以下代码：

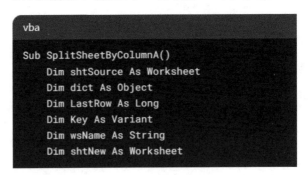

图 9-13　写代码

完整的代码如下：

```vba
Sub SplitSheetByColumnA()
Dim shtSource As Worksheet
```

```vbnet
Dim dict As Object
Dim LastRow As Long
Dim Key As Variant
Dim wsName As String
Dim shtNew As Worksheet

Set shtSource = ThisWorkbook.Worksheets("Sheet1") ' 修改为实际工作表名
Set dict = CreateObject("Scripting.Dictionary")

' 获取列 A 最后一行
LastRow = shtSource.Cells(shtSource.Rows.Count, 1).End(xlUp).Row

' 收集唯一值
For i = 2 To LastRow
Key = shtSource.Cells(i, 1).Value
If Not dict.Exists(Key) Then dict.Add Key, Nothing
Next i

Application.ScreenUpdating = False
Application.DisplayAlerts = False

For Each Key In dict.Keys
' 处理工作表名称
wsName = CleanSheetName(CStr(Key))

' 删除同名工作表
On Error Resume Next
Set shtNew = ThisWorkbook.Worksheets(wsName)
If Not shtNew Is Nothing Then
shtNew.Delete
Set shtNew = Nothing
```

```
End If
On Error GoTo 0

' 创建新工作表
Set shtNew = Worksheets.Add(After:=Worksheets(Worksheets.Count))
shtNew.Name = wsName

' 复制标题
shtSource.Rows(1).Copy shtNew.Rows(1)

' 筛选并复制数据
With shtSource.Range("A1:A" & LastRow)
.AutoFilter Field:=1, Criteria1:=Key
On Error Resume Next
.Offset(1, 0).Resize(.Rows.Count - 1, shtSource.Columns.Count) _
.SpecialCells(xlCellTypeVisible).Copy shtNew.Range("A2")
On Error GoTo 0
.AutoFilter
End With
Next Key

Application.DisplayAlerts = True
Application.ScreenUpdating = True
MsgBox " 工作表拆分完成！ ", vbInformation
End Sub

Function CleanSheetName(strName As String) As String
Dim regEx As Object
Set regEx = CreateObject("VBScript.RegExp")
regEx.Pattern = "[\\/\?\*\[\]:]" ' 过滤非法字符
regEx.Global = True
```

```
CleanSheetName = regEx.Replace(strName, "_")
If Len(CleanSheetName) > 31 Then CleanSheetName = Left
(CleanSheetName, 31)
End Function
```

接下来我们复制代码，打开 Excel，按 Alt+F11 键打开 VBE，
插入一个标准模块，然后在代码窗口粘贴代码。

图 9-14　VBE 实现

粘贴完代码后，点击"运行"，我们就会得到结果。

A	B	C	D
小学名称	男生	女生	
城东小学	54	12	
城东小学	12	8	

图 9-15　表格数据区分

DeepSeek 输出的代码成功将各个小学按照 A 列（小学名称）区

分开来了。这就是一次 DeepSeek 与 Excel 之间简单的联动。

9.2 浏览器插件应用场景

在当下人工智能技术迅猛发展的时代，DeepSeek 浏览器插件凭借其基于大语言模型的先进技术，为用户的网络交互体验带来了革命性的变革。该插件通过自然语言处理（NLP）和深度学习算法，能够理解和生成人类语言，从而在多个领域展现出广泛且深入的应用价值。以下将从知识学习、工作辅助、内容创作等维度详细阐述其具体应用场景。

9.2.1 完成浏览器插件嵌入

以谷歌浏览器为例，如果想嵌入 DeepSeek，需要打开 DeepSeek 官网下载 DeepSeek 的浏览器插件。

接着打开谷歌浏览器，点击右上角的三个点，选择"扩展程序"，进入"管理扩展程序"页面，在右上角开启"开发者模式"。

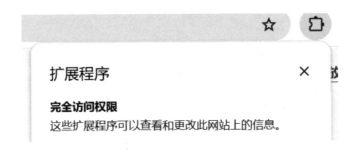

图 9-16 扩展程序 1

最后把解压后的 DeepSeek 插件文件直接拖到谷歌浏览器的"管

理扩展程序"页面，弹出确认添加的窗口后点击"添加扩展程序"，
登录账号，即可使用。

图 9-17　扩展程序 2

9.2.2　知识学习场景

在学术研究领域，学生常常需要处理大量复杂的学术资料。以理
论物理中的量子场论论文为例，这类文献不仅包含抽象的数学公式，
如狄拉克方程、杨 - 米尔斯场论等，还涉及复杂的物理概念和实验
设计。DeepSeek 浏览器插件利用 Transformer 架构的大语言模型，
对文本语义进行深度理解和分析。例如，能精确提炼出实验中使用的
粒子加速器的参数、实验所验证的理论假设等关键内容，帮助学生快
速把握论文核心，提高学习效率。

对于科研工作者而言，在海量的学术文献中筛选关键信息是一项
艰巨的任务。DeepSeek 浏览器插件可以作为智能文献助手，帮助研
究人员快速定位和提取有价值的信息。当研究人员在浏览科学数据库
（如 Web of Science、IEEE Xplore 等）中的文献时，插件利用信息
检索技术，结合大语言模型的语义理解能力，对文献进行自动分类和
摘要提取。例如，在医学研究中，研究人员在搜索关于癌症治疗的最

新进展时，插件能够从大量文献中精准提炼出新型治疗药物的作用机制、临床试验结果等关键信息，为研究工作提供有力的数据支持和研究思路。

以国内较为成熟的人工智能软件"豆包"为例，当我们在浏览器上看到任何一个词条时，都可以标注然后进行 AI 搜索。比如，当我们遇到一个新词："DeepSeek"，我们可以用鼠标标注。

图 9-18 "豆包" 1

这时，"豆包" AI 将会以浏览器插件的形式出现，当我们点击"AI 搜索"，浏览器的侧边框就会进行解答。

图 9-19 "豆包" 2

同时，浏览器插件还可以及时提供解释、翻译等功能。这对于科研人员或者学医用途的使用者来说，大幅缩短了学习成本和学习时间。

9.2.3　提升企业员工办公效率

在企业运营过程中，项目管理涉及大量的文档处理和信息沟通。以软件开发项目为例，员工在查看项目需求文档时，可能会对功能模块的实现细节、项目进度安排等产生疑问。DeepSeek 浏览器插件通过自然语言接口，允许员工以自然语言的方式提出问题，如："用户认证模块的实现技术是什么？""下一阶段的交付时间节点是哪天？"插件将用户问题转化为语义向量，与项目文档中的文本向量进行匹配，利用大语言模型的推理能力，基于文档内容生成准确的回答。这种方式极大地减少了员工之间的沟通成本，提高了项目执行效率。

在大型企业中，跨部门协作是项目成功的关键。当项目需要多个部门协同完成时，如新产品研发项目，市场部门、研发部门、生产部门等需要共享大量的信息和文档。DeepSeek 浏览器插件能够通过知识图谱技术，将不同部门的文档信息进行整合和关联，形成一个统一的知识网络。例如，市场部门提供的市场调研报告和研发部门的技术方案，通过插件的知识图谱构建，能够清晰地展示出市场需求与技术实现之间的关联。这使得各部门员工能够快速了解项目全貌，避免信息不对称，促进跨部门协作的高效进行。

同样以"豆包"为例，"豆包"作为浏览器插件时只会以一个圆形图标出现，而当鼠标移动到插件上时，将会出现各种各样的功能。

图 9-20 "豆包" 3

"豆包"可以进行实时截图、网页总结、脑图生成等多项内容，对于更强大的 DeepSeek 来说，这些会在不远的未来实现。而这些多种多样的功能将会极大程度上提升工作效率。

9.2.4 内容创作场景

在广告创意领域，如何突破创意瓶颈，创作出具有吸引力的广告文案是广告人面临的挑战。DeepSeek 浏览器插件利用生成对抗网络（GAN）和大语言模型相结合的技术，为广告文案创作提供创新思路。当广告创作者在浏览优秀广告案例网页时，首先分析案例的语言风格、情感倾向和创意元素，然后利用生成对抗网络生成多个不同风格的文案建议。例如，在创作汽车广告文案时，可以根据不同的目标受众和品牌定位，生成如强调科技感、豪华感或环保理念等不同风格的文案，从语言表达、情感诉求等多个维度为创作者提供灵感，帮助其快速产出高质量的广告文案。

在社交媒体时代，内容的时效性和吸引力是吸引用户关注的关键。DeepSeek 浏览器插件通过实时数据分析和大语言模型的文本生成能力，帮助创作者紧跟热门话题和流行趋势。

以 Writely 为例，它能在几秒内生成文章、短故事、电子邮件和视频摘要。它基于深度学习模型，通过大量文本训练模仿人类写作。该平台的功能丰富，例如可改变文本语气、翻译、生成创意、处理文本等，还拥有 Writely chat 提供任务协助。这对于内容创作者来说是不可多得的利器。

图 9-21　Writely

在微博平台上，DeepSeek 插件可以实时监测热门话题榜和用户讨论趋势，当创作者准备发布内容时，可以根据热门话题和用户兴趣偏好，生成吸引人的标题和文案。通过对用户画像和行为数据的分析，能够为不同类型的创作者（如美食博主、时尚达人、科技爱好者等）提供个性化的内容创作建议，助力创作者在竞争激烈的社交媒体环境中脱颖而出。

综上所述，尽管 DeepSeek 的发展周期很短，但是它的潜在价值已经不容小觑。它将成为一个功能综合体，为各种不同身份、不同需求的用户提供最直接可靠的帮助。

9.3 API 接口基础应用

9.3.1 基本功能

获取数据与信息

假如你正在开发一个智能旅游推荐应用，通过调用 DeepSeek 的 API，向它发送用户的旅游偏好信息，如喜欢海滨城市、预算在 × × 元以内、旅游时间为 × × 天等。DeepSeek 会根据这些信息，从海量的旅游数据中筛选出符合条件的旅游目的地、景点推荐、酒店信息等，将这些数据返回给你的应用，你再对数据进行整理和展示，为用户提供个性化的旅游推荐。

内容生成与创作

在开发一款故事创作 App 时，用户输入故事的主题，如"冒险故事"，App 调用 DeepSeek API，DeepSeek 会生成一个冒险故事的框架，包括主要角色、故事背景、冲突点等内容，App 再根据这个框架引导用户进一步完善故事细节，如让用户为角色设定名字、性格等，或者让用户决定故事中的某个情节走向，最终创作出完整的冒险故事。

智能客服与聊天机器人

在电商平台的智能客服系统中接入 DeepSeek API，当用户咨询"这款手机的电池续航能力如何"时，客服系统将问题发送给

DeepSeek，DeepSeek 分析问题后，从手机产品数据库以及常见问题解答库中获取相关信息，生成准确的回答，如"这款手机配备了 × × 毫安的大容量电池，正常使用情况下续航可达 × × 小时，在开启省电模式后续航时间还能进一步延长"，客服系统将这个回答展示给用户，快速解答用户的疑问。

9.3.2　实例分析

在当今数字化飞速发展的时代，写作也迎来了前所未有的变革。你是否常常为写一篇文章绞尽脑汁，花费大量时间构思、组织语言，还担心内容不够精彩、逻辑不够清晰？现在，有一个神奇的组合可以帮你解决这些烦恼，那就是 DeepSeek 与 Word。

在 DeepSeek 与 Word 的联动中，你只需在 Word 中简单输入几个关键词或者大致的内容框架，DeepSeek 就能迅速理解你的需求，通过它强大的算法和海量的数据学习，瞬间为你生成相关的内容段落，甚至是完整的初稿。不仅如此，它还能帮你检查语法错误、调整语句通顺度，让你的文章更加专业、规范。又或者你在创作一篇小说，为某个情节的发展犯愁，DeepSeek 也能给你提供丰富的创意和灵感，帮你把故事写得更加精彩动人。

关于这方面内容，9.1.1 中已有涉及，这里将其作为 API 接口基础应用的案例重点再讲一下。

要让 DeepSeek 和 Word 联手助力你的写作，首先得有一把"钥匙"，那就是 DeepSeek 的 API Key。这就好比你家房子的钥匙，有了它才能进入 DeepSeek 的"宝藏库"，获取它强大的写作功能。

获取这把"钥匙"的步骤并不复杂。你先打开电脑上的浏览器，在地址栏输入 DeepSeek 的官方网址进入 DeepSeek 的官网。

图 9-22　API 开放平台

找到"API 开放平台"入口，进入这个平台。在平台上，找到"创建 API Key"的选项，点击它，系统就会为你生成一个独一无二的 API Key。这个 API Key 非常重要，它是你连接 DeepSeek 和 Word 的关键。

当你成功拿到 API Key 后，就可以着手把 DeepSeek 接入 Word 了，整个过程就像给自行车安装一个新的配件一样简单。

接下来的操作，将要用到"Visual Basic"等功能和软件，当中涉及大量关于计算机的知识，对于初学者来说不太友好。所以作为用户，可以自行去互联网搜索合适的插件，通过插件链接 DeepSeek。

图 9-23　智能写作

当你链接后，只需在智能写作设置里将 AI 端口改成 DeepSeek 就可以了。

可自动保存

◉ DeepSeek

图 9-24　端口

当你在 Word 里开启 DeepSeek 的功能后，就好像身边多了一个随时能交流的写作小伙伴。比如你正在写一篇关于历史文化的论文，为了让论文更有深度和说服力，你需要一些相关的研究资料作为支撑。这时候，你不用再花费大量时间在图书馆的书架间徘徊，也不用在众多学术网站上盲目搜索。你只需像平时和朋友聊天一样，直接向 DeepSeek 提问，比如"请提供近五年关于唐朝文化研究的权威文献，并简要介绍其核心观点"，DeepSeek 就会迅速"开动脑筋"，凭借它强大的数据分析能力和丰富的知识储备，在很短时间内，就为你呈现出一份详细的资料清单，还会贴心地附上每篇文献的核心观点总结。这些信息就像一把把钥匙，为你打开了深入研究的大门，让你在写作时思路更加清晰，论据更加充分。

在写作过程中，有时候我们已经有了一些思路和基础内容，但要把它们扩展成完整的段落或文章，还需要花费不少时间和精力。有了 DeepSeek 和 Word 的组合，这一切就变得轻松多了。

比如你写一篇关于旅游景点介绍的文章，已经简单写下了"黄山有奇松、怪石、云海"这样的内容 。这时候，你只需选中这部分文字，然后点击 DeepSeek 的相关功能按钮，它就能根据你选中文本的内容和上下文语境，一键生成详细的景点介绍。如"黄山以奇松、怪石、云海闻名于世。黄山松形态各异，有的枝干弯曲，如同好客的主人伸出手臂欢迎游客；有的扎根于悬崖峭壁，展现出顽强的生命力。怪石更是千奇百怪，猴子观海、飞来石等奇特景观，让人不禁感叹大自然的鬼斧神工。而黄山的云海，如同一层轻纱，笼罩着山峰，时而翻腾涌动，时而平静如镜，让游客仿佛置身于仙境之中，流连忘返"。

不仅如此，这种文本生成功能在很多场景都能大显身手。比如写商业策划书时，你只要给出一个大致的框架，它就能帮你填充具体的策略和实施步骤；写工作总结时，你只要列出几个要点，它就能生成详细的内容描述。这样就大大节省了写作时间，提高了工作效率。

图 9-25 智能写作应用 1

在这里，我们在 Word 中写下了："我是一个学生，今天班里有 12 个同学，请问班里总共有多少学生？"没过一会儿，我们就得到了 DeepSeek 的回复。

我是一个学生，今天班里有 12 个同学，请问班里总共有多少学生？

如果今天班里有 12 个同学，那么班里总共有 12 个学生。请注意，这里我们假设"同学"和"学生"在本语境下是同义词，并且没有包括老师或其他工作人员。

图 9-26　智能写作应用 2

再比如，我们可以直接问它一些实际性问题。

我是一个学生，我要写一篇关于 DeepSeek 的短文。

好的，下面是一篇关于 DeepSeek 的短文：

探索未来搜索引擎的新篇章——DeepSeek

（一）引言

随着互联网技术的迅猛发展，信息量呈爆炸式增长。人们对于搜索引擎的需求也从最初的简单检索，逐渐转变为对精准度、个性化以及智能化的更高追求。在这样的背景下，DeepSeek 应运而生，它不仅代表了搜索引擎技术的一次重大革新，更是对未来网络信息获取方式的一种全新探索。

图 9-27　智能写作应用 3

DeepSeek 与 Word 的携手，为我们的写作带来了前所未有的变革，开启了智能写作的崭新时代。它们的结合，让写作变得更加高效、便捷，也为我们提供了更多的创作灵感和思路。在这个信息爆炸的时代，智能写作工具的出现，无疑是一场及时雨，帮助我们在海量的信息中快速找到所需，创作出更优质的作品。

展望未来，随着人工智能技术的不断发展和创新，智能写作工具的功能将越来越强大，应用场景也将越来越广泛。它们不仅会在办公、学习、创作等领域发挥重要作用，还会渗透到我们生活的方方面面，成为我们不可或缺的得力助手。我们可以期待，未来的智能写作工具能够更加精准地理解我们的需求，生成更加个性化、高质量的内容。同时，它们也将与其他技术，如大数据、云计算等深度融合，为我们带来更加智能、高效的写作体验。

第 10 章　模型对比视野

10.1　与通用型模型的核心差异

10.1.1　与 ChatGPT 对比

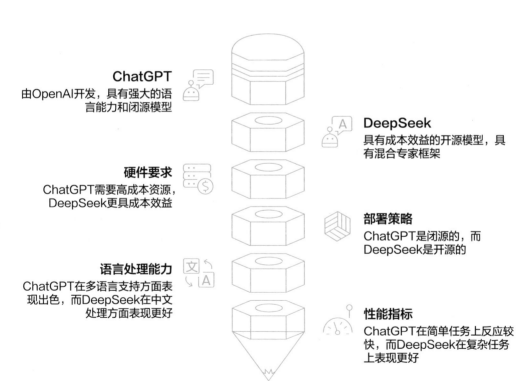

ChatGPT
由OpenAI开发，具有强大的语言能力和闭源模型

DeepSeek
具有成本效益的开源模型，具有混合专家框架

硬件要求
ChatGPT需要高成本资源，DeepSeek更具成本效益

部署策略
ChatGPT是闭源的，而DeepSeek是开源的

语言处理能力
ChatGPT在多语言支持方面表现出色，而DeepSeek在中文处理方面表现更好

性能指标
ChatGPT在简单任务上反应较快，而DeepSeek在复杂任务上表现更好

图 10-1　AI 语言模型比较

当今的人工智能领域，ChatGPT 和 DeepSeek 都是备受瞩目的语言模型。ChatGPT 由 OpenAI 研发，自问世以来，凭借强大的语言交互能力，迅速在全球范围内引发了广泛关注和讨论。它基于 Transformer 架构，通过在海量文本数据上进行无监督学习，能够理解并生成自然流畅的语言，在多种自然语言处理任务中表现出色，例如文本生成、问答系统、对话交互等。DeepSeek 同样是一款基于 Transformer 架构的先进语言模型，在自然语言处理领域有着卓越的表现，其在架构设计、训练方法等方面的创新，使其在某些任务上展现出独特的优势。下面，我们将从多个方面深入对比这两款模型。

硬件要求与资源利用

DeepSeek-V3 的训练成本仅为 557.6 万美元，相比之下，ChatGPT 的训练成本要高得多。例如，据估计，训练 GPT-4 的成本超过 1 亿美元。DeepSeek 的性价比优势使得它在市场上更具竞争力，尤其对于成本敏感型用户和企业而言。

此外，DeepSeek 采用了开源策略，其模型代码和训练方法完全公开。这使得全球开发者可以自由调整翻译逻辑、添加小众语言支持，并根据特定需求进行定制化开发。而 ChatGPT 采用闭源模式，虽然保证了稳定性，但限制了灵活性。闭源模式意味着用户无法直接修改或定制模型，必须依赖官方提供的 API 和功能。

ChatGPT 以 GPT-3 为例，其拥有高达 1750 亿的参数，堪称一个庞大的知识体系。参数之于模型，就如同藏书之于图书馆，藏书越多，可提供的知识也就越丰富，但同时也需要更大的存储空间和更复杂的管理系统。对于 ChatGPT 而言，如此庞大的参数数量，使得其运行需要消耗大量的计算资源。据估算，GPT-3 一次模型训练需要的总算力消耗约为 3640PF-days，耗资约 1200 万美元，并且在日常运营中，维持其运行的成本也相当高昂。从用户端来看，要想流畅地使用 ChatGPT，需要具备较高的网络带宽，以确保数据能够快速传输，同时，设备性能也必须稳定可靠，能够处理复杂的运算任务，否则在与 ChatGPT 交互时，很容易出现卡顿、响应迟缓等问题。

　　DeepSeek 采用了混合专家（MoE）框架，这一框架的设计灵感类似于医院里不同专科医生的协作模式。在医院中，面对各种病症的患者，会有外科医生、内科医生、儿科医生等不同专科的医生，根据患者的具体病情，安排最合适的专科医生进行诊治，而不是让所有医生都参与每一次诊断。MoE 框架也是如此，它由多个"专家"模型组成，每个"专家"都擅长处理某一类特定的问题。当有任务输入时，

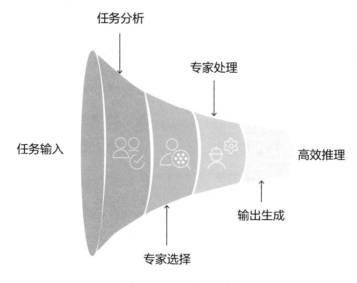

图 10-2　MoE 框架

门控网络会根据任务的特点和需求，动态地选择最合适的"专家"模型来处理，而不是让所有模型都参与计算。这种智能的资源分配方式，使得 DeepSeek 在参数量相对较小的情况下，依然能够实现高效的推理性能。

在硬件要求上，DeepSeek 更为亲民，更适合那些资源受限的环境。而且，DeepSeek 支持本地私有化部署，这对于一些对数据隐私和安全性要求较高的企业和机构来说，具有极大的吸引力。例如，金融机构在进行风险评估、投资分析等业务时，涉及大量敏感的客户数据和金融信息，通过将 DeepSeek 部署在自己的服务器上，可以确保数据的安全性和保密性，避免数据泄露的风险。

反应速度与准确性

在实际使用中，模型的反应速度和准确性是用户非常关注的重要指标。ChatGPT 的反应速度处于中等水平，其表现会因任务的复杂程度而有所不同。当遇到简单的问题，如询问日常天气情况时，ChatGPT 能够快速地从其庞大的知识储备中检索相关信息，并迅速给出回答。然而，当面对复杂问题，如涉及多领域知识的综合性问题或需要深入逻辑推理的问题时，由于需要从海量的知识中筛选、整合信息，并进行复杂的推理运算，ChatGPT 可能需要花费更多的时间来思考和组织答案。这是因为复杂问题往往涉及多个知识领域和复杂的逻辑关系，ChatGPT 需要对大量的信息进行分析和处理，才能找到准确的答案。

DeepSeek

通过优化的算法和架构设计
实现快速准确的解答

ChatGPT

在处理复杂问题时速度较慢，
准确性较低

图 10-3　反应速度和准确性比较

DeepSeek 在反应速度上表现得更为出色，尤其是在处理复杂问题时，展现出了明显的优势。它不仅能够快速地对问题进行分析和理解，还能运用其优化的算法和独特的架构设计，迅速从知识储备中提取相关信息，并进行高效的推理和运算，从而给出准确的答案。

以解决复杂的数学问题为例，DeepSeek 能够在短时间内对问题进行深入分析，运用其强大的数学运算能力和逻辑推理能力，快速找到解题思路，并给出详细且准确的解答步骤。在一些数学竞赛级别的问题测试中，DeepSeek 的答题速度和准确性都远超 ChatGPT，充分证明了其在处理复杂问题时的高效性和准确性。这得益于 DeepSeek 独特的架构设计，它能够更有效地利用计算资源，减少信息处理的时间开销，同时，其优化的算法也能够提高推理的效率和准确性。

语言处理能力与回答风格

ChatGPT 的语言处理能力十分强大，在开放域对话方面表现出色，能够与用户进行自然、流畅的交流，就像与朋友聊天一样轻松自如。在文本生成任务中，无论是创作富有创意的故事、优美的诗歌，还是撰写严谨的商务文档，ChatGPT 都能凭借其丰富的知识储备和强大的语言生成能力轻松应对，并且生成的内容逻辑清晰、富有创意。在代码编写领域，ChatGPT 也能为程序员提供有力的帮助，它可以根据需求快速生成代码框架，解决编程过程中遇到的一些常见问题，提高编程效率。此外，ChatGPT 在多语言支持方面表现出色，能够处理多种语言的任务，这使得它在全球范围内拥有大量的用户。然而，由于语言文化的差异，在中文场景下，尤其是在处理一些具有深厚文化内涵的内容时，ChatGPT 可能不如 DeepSeek 精准。例如，在解读中文古诗词时，ChatGPT 可能会因为对诗词背后的历史文化背景理解不够深入，而导致解读不够准确、到位，无法充分展现出古诗词的韵味和意境。

DeepSeek 在中文语言处理上具有显著的优势。它通过对大量中文文本数据的深入学习，对中文的语义、语法和语用规则有着深刻的理解，能够精准地回答复杂的中文问题。在处理复杂编程任务时，DeepSeek 能够准确理解用户的需求，根据不同的编程场景和要求，生成高质量、符合规范的代码，并且能够快速定位和解决编程过程中出现的问题。在一般推理任务方面，DeepSeek 也表现出色，它能够根据给定的信息，运用逻辑推理能力，进行合理的分析和判断，得出准确的结论。DeepSeek 的回答风格更倾向于简要总结，能够用简洁明了的语言给出问题的关键答案，让用户能够快速抓住重点。但在面对复杂问题时，它又能根据用户的进一步追问，详细阐述相关的原理、过程和细节，帮助用户全面、深入地理解问题的解决方案。例如，当用户询问关于某个复杂技术问题时，DeepSeek 会先给出一个简洁的结论，然后再根据用户的需求，逐步展开，详细解释相关的技术原理、实现方法和注意事项，使用户能够从多个角度理解问题。

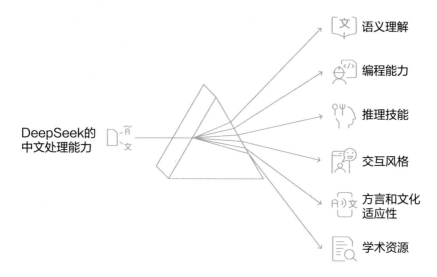

图 10-4　DeepSeek 的中文处理能力

　　总而言之，DeepSeek 专为中文交互设计，对成语、诗词、网络流行语等理解更精准（例如能区分"蚌埠住了"和"芜湖起飞"等谐音梗），支持超过 20 种中文方言的语义识别（如粤语、四川话的混合输入），中文生成符合本土表达习惯，在公文写作、商业信函等场景中表现更专业。同时，它还涵盖大量西方学术资源（如 arXiv 论文库），对量子物理、基因组学等前沿领域有更细致的解析。

　　ChatGPT 虽然具备强大的自然语言处理能力，但在中文场景和特定垂直领域的优化上可能不如 DeepSeek。不过，ChatGPT 在法律、金融、教育等领域也有丰富的知识库和专业的应用表现，如整合 A 股 / 港股实时数据及分析模型，适配中国 K12 课程标准和考试大纲等。

应用场景与解决方案

ChatGPT 提供的是跨领域通用且一致的解决方案，它就像一个知识渊博的"万事通"，在常识性知识和创造性任务方面表现出色。当用户需要获取创意灵感，如构思广告文案、创作小说情节等，或者对某个常识性问题感到好奇，如历史事件、科学原理等，ChatGPT 都能凭借其广泛的知识储备和强大的语言生成能力，提供丰富的信息和独特的见解。在通用任务上，ChatGPT 的表现非常强大，能够满足大多数用户的日常需求。

然而，在一些特定的垂直领域，如法律、医疗等，由于这些领域的专业性极强，知识体系复杂且严谨，ChatGPT 可能需要额外的微调才能更好地发挥作用。

例如，在法律领域，对于一些复杂的法律条文解释和案例分析，ChatGPT 需要结合专业的法律知识数据库进行进一步的训练和优化，才能准确理解法律条文的含义和适用范围，给出专业、准确的法律意见。

在医疗领域，诊断疾病需要专业的医学知识和临床经验，ChatGPT 目前还无法直接用于医疗诊断，但可以作为辅助工具，帮助医生快速检索相关医学文献、提供治疗建议等。

DeepSeek 针对特定任务进行了优化，尤其在技术问题和特定领域的任务上表现突出。它支持高度定制化，能够根据企业和机构的特定需求，进行个性化的设置和训练。

在金融分析领域，DeepSeek 可以通过对大量金融数据的学习和分析，为企业提供准确的市场趋势预测、风险评估等服务。它能够实时跟踪金融市场的动态变化，分析各种金融指标和数据，预测市场走势，帮助企业制定合理的投资策略，降低风险。

在科研辅助方面，DeepSeek 能够帮助科研人员快速检索和分析相关文献，提供研究思路和方法建议。科研人员在进行课题研究时，往往需要查阅大量的文献资料，DeepSeek 可以根据研究主题快速筛选出相关的高质量文献，并对文献内容进行分析和总结，为科研人员提供有价值的参考信息，节省研究时间，提高研究效率。

在药物研发领域，DeepSeek 可以协助科研人员分析药物分子结构与活性之间的关系，快速筛选出潜在的有效药物分子，大大提高研发效率。通过对大量药物分子数据的学习和分析，DeepSeek 能够预测药物分子的活性和副作用，为药物研发提供重要的指导，加速新药的研发进程。

这种高度定制化的特点，使得 DeepSeek 能够满足企业和机构在特定领域的复杂需求，为他们提供更专业、更精准的解决方案。

表 10-1　ChatGPT 与 DeepSeek 比较

比较维度	ChatGPT	DeepSeek
硬件要求与资源利用	**参数规模**：GPT-3 拥有高达 1750 亿的参数，模型庞大。 **训练成本**：训练成本高，据估计，GPT-4 的训练成本超过 1 亿美元。 **源代码**：采用闭源模式，代码和训练方法未公开，限制了灵活性。 **设备要求**：需要高性能的硬件和网络带宽，确保流畅地交互。	**训练成本**：DeepSeek-V3 的训练成本仅为 557.6 万美元，性价比更高。 **源代码**：采用开源策略，模型代码和训练方法完全公开，便于开发者定制和扩展。 **硬件需求**：更为亲民，适合资源受限的环境。 **部署方式**：支持本地私有化部署，数据安全性更高。

比较维度	ChatGPT	DeepSeek
反应速度与准确性	**总体表现：** 反应速度中等。 **简单问题：** 能够快速回答。 **复杂问题：** 处理速度较慢，可能需要更多时间思考和组织答案。	**总体表现：** 反应速度更快，尤其在处理复杂问题时优势明显。 **准确性：** 能够快速分析、推理并提供准确答案。 **示例：** 在数学竞赛级别的问题上，答题速度和准确率优于 ChatGPT。
语言处理能力与回答风格	**语言能力：** 在开放域对话中表现出色，语言生成自然流畅。 **文本生成：** 能创作故事、诗歌、商务文档等。 **代码编写：** 可协助程序员生成代码框架和解决常见问题。 **多语言支持：** 范围广泛，但在中文深层文化理解上可能不足。	**中文优势：** 专为中文交互设计，对成语、诗词、网络流行语等的理解更精准（如能区分"蚌埠住了"和"芜湖起飞"等谐音梗），支持超过 20 种中文方言的语义识别（如粤语、四川话的混合输入）。 **文本生成：** 中文生成符合本土表达习惯，在公文写作、商业信函等场景中表现更专业。 **技术问题处理：** 在复杂编程任务中表现出色，生成高质量代码并快速解决问题。 **学术资源：** 涵盖大量西方学术资源（如 arXiv 论文库），对量子物理、基因组学等前沿领域有更细致的解析。
应用场景与解决方案	**定位：** 提供跨领域通用且一致的解决方案。 **优势领域：** 在常识性知识和创造性任务方面表现优秀。 **专业领域：** 在法律、金融、教育等领域有丰富的知识库和专业的应用表现，如整合 A 股 / 港股实时数据及分析模型，适配中国 K12 课程标准和考试大纲等。	**针对性优化：** 专注于中文场景和特定任务优化，技术问题和特定领域任务表现突出。 **定制化：** 支持高度定制化，满足企业和机构的特定需求。 **金融分析：** 通过学习和分析大量金融数据，提供准确的市场趋势预测和风险评估。 **科研辅助：** 帮助科研人员快速检索和分析相关文献，提供研究思路和方法建议。 **药物研发：** 协助分析药物分子结构与活性关系，快速筛选潜在有效药物分子，加速新药研发进程。

10.1.2　与 Midjourney 对比

在人工智能蓬勃发展的当下，DeepSeek 和 Midjourney 作为其中的佼佼者，展现出了独特的价值。但对于刚接触人工智能的新手来说，可能对它们的区别还一知半解，下面就带大家深入了解二者的差异。

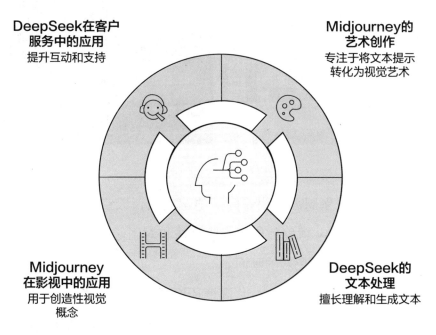

图 10-5　DeepSeek 与 Midjourney 的比较

功能领域差异

Midjourney 是一款专注于图像生成的 AI 模型，堪称一位极具创造力的数字画师。它的工作原理是接受用户输入的文本描述，然后将这些文字转化为精美的图像。比如，当你输入"在梦幻森林中有一

图 10-6　Midjourney

座粉色城堡，城堡周围环绕着闪烁的萤火虫，天空是五彩斑斓的晚霞"，Midjourney 就能凭借强大的算法和对图像元素的理解，快速绘制出一幅充满奇幻色彩的画面。

它支持的风格极为丰富，从高度还原现实的超写实风景，比如能清晰地看到每片树叶纹理的森林场景；到充满想象力的动漫风格，比如热血冒险的异世界场景；再到抽象的艺术作品，以独特的色彩和形状传达情感与概念，几乎涵盖了人类能想象到的各种视觉风格。正因如此，Midjourney 在艺术创作和设计构思领域备受青睐。

在时尚设计中，设计师可以利用它生成服装款式的草图，快速验证设计想法；在室内设计方面，能帮助设计师提前展现不同装修风格下房间的布局和视觉效果，方便与客户沟通确认。

DeepSeek 主要聚焦于自然语言处理，宛如一位精通各类知识的语言大师。它能够理解人类语言，并基于此完成一系列复杂任务。在文本生成方面，它不仅能帮你创作一篇关于旅行的文章，还能根据不同的风格要求，如"文艺风""攻略风"等，为你构思独特的旅行故事，从行程规划到旅行中的趣事，都能生动地呈现。在问答系统中，无论是询问日常生活中的小常识，如"如何去除衣服上的污渍"，还是专业领域的深度问题，如"量子力学中的薛定谔方程如何理解"，DeepSeek 都能依据自身庞大的知识储备，给出逻辑清晰、内容翔实的解答。对于程序员而言，DeepSeek 也是得力助手，当遇到代码编写难题，比如在 Python 中实现一个复杂的数据处理算法，它能提供详细的代码示例，甚至帮你分析代码中的错误并给出修改建议。

应用场景差异

Midjourney 的应用场景主要围绕可视化创意表达。

在影视行业，它是导演和美术指导的得力工具。在拍摄前期，导演可以通过 Midjourney 生成电影中关键场景的概念图，比如科幻电影里未来城市的全景、古装剧中的宏大宫殿场景，帮助整个创作团队提前明确画面风格和视觉效果，为实际拍摄提供直观的参考。

游戏开发公司更是将 Midjourney 广泛应用于美术资源设计。从游戏角色的形象设计，如设计一个拥有独特技能和外观的英雄角色；到游戏场景的构建，如神秘的地下城、广阔的沙漠地图等，都能借助 Midjourney 快速生成初稿，大幅缩短了设计周期，降低了开发成本。

在广告设计领域，设计师能利用 Midjourney 快速生成广告海报的创意草图，确定整体构图和视觉元素，后续再进行精细打磨，提升设计效率和创意质量。

DeepSeek 则主要应用于需要语言交互和文本处理的场景。

在内容创作领域，作家可以利用 DeepSeek 获取创作灵感，比如生成小说的情节大纲、人物设定等，还能让它帮忙润色文字，提升文章的文采和可读性。自媒体人也能利用它撰写吸引人的标题和文案，提高内容的传播效果。

在智能客服领域，DeepSeek 能够实时理解用户的问题，无论是咨询产品信息，还是反馈使用问题，都能迅速给出准确的回答，提升客户服务的效率和满意度。

在学术研究方面，研究人员面对海量的文献资料时，DeepSeek可以快速筛选出与研究主题相关的文献，并对文献内容进行分析总结，提取关键信息，辅助研究人员梳理研究思路，加快研究进程。

技术原理差异

Midjourney 基于深度学习的图像生成技术，其核心是对大量图像数据的学习与理解。

在训练过程中，Midjourney 会分析海量图像中的各种特征，包括物体的形状、颜色分布、光影效果以及它们之间的空间关系等。当用户输入文本描述时，Midjourney 首先会将文本解析为一系列图像特征向量，这些向量代表了用户期望图像所包含的元素和风格信息。然后，模型通过生成对抗网络（GAN）或变分自编码器（VAE）等技术，根据这些特征向量生成对应的图像。这就好比一个画家通过长期临摹大量优秀作品，记住了各种绘画元素和表现手法，当接到绘画任务时，就能根据要求创作出相应的画作。

文本到图像转换

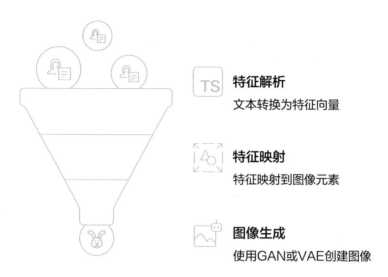

特征解析
文本转换为特征向量

特征映射
特征映射到图像元素

图像生成
使用GAN或VAE创建图像

图 10-7　Midjourney 逻辑

DeepSeek 基于 Transformer 架构的自然语言处理技术，Transformer 架构采用了多头注意力机制，能够同时关注输入文本的不同部分，更好地捕捉文本中的语义和语法信息。

在训练阶段，DeepSeek 通过对大规模文本数据的学习，理解语言的各种规则和模式，包括词汇的语义、句子的结构以及篇章的逻辑关系等。当用户输入问题或指令时，DeepSeek 首先对输入文本进行编码，将其转化为模型能够理解的向量表示。然后，模型通过多层 Transformer 层进行特征提取和语义理解，最后根据学习到的知识和模式生成相应的回答或完成指定任务。这类似于一个学生通过大量阅读书籍、文章，积累知识，掌握了语言的运用技巧，从而能够准确理解他人的问题并给出合适的回答。

表 10-2　DeepSeek 与 Midjourney 比较

比较维度	DeepSeek	Midjourney
功能领域	主要聚焦于自然语言处理，宛如一位精通各类知识的语言大师。 **文本生成**：能够创作文章、故事，根据不同风格要求生成独特内容。 **问答系统**：回答从基本常识到专业领域的深度问题。 **代码编写**：提供代码示例，分析错误，给出修改建议。	专注于图像生成的 AI 模型，堪称一位极具创造力的数字画师。 **图像生成**：将用户的文本描述转化为精美的图像。 **支持丰富的风格**：从超写实风景到动漫风格再到抽象艺术作品，涵盖各种视觉风格。
应用场景	**内容创作**：帮助作家获取创作灵感，润色文字，提高文章文采和可读性。 **智能客服**：实时理解用户问题，提供准确回答，提升客服效率和满意度。 **学术研究**：快速筛选并分析相关文献，提取关键信息，辅助研究人员梳理思路。	**影视行业**：生成电影关键场景的概念图，帮助明确画面风格和视觉效果。 **游戏开发**：用于美术资源设计，生成角色形象和游戏场景初稿，缩短设计周期。 **广告设计**：快速生成广告海报的创意草图，确定整体构图和视觉元素，提升设计效率和创意质量。
技术原理	基于 Transformer 架构的自然语言处理技术。 **多头注意力机制**：关注输入文本的不同部分，捕捉语义和语法信息。 **训练方式**：通过对大规模文本数据的学习，理解语言规则和模式。 **工作流程**：输入文本编码，特征提取，语义理解，生成回答或完成指定任务。	基于深度学习的图像生成技术。 **训练过程**：分析大量图像的特征，如形状、颜色、光影效果和空间关系。 **文本到图像转换**：将用户的文本描述解析为图像特征向量。 **生成技术**：使用生成对抗网络（GAN）或变分自编码器（VAE）生成对应的图像。

续表

比较维度	DeepSeek	Midjourney
优势特点	**强大的语言理解和生成能力**：能够处理各种复杂的语言任务。 **广泛的知识储备**：涵盖从基本常识到专业领域的深度知识。 **辅助编程**：为程序员提供代码支持和问题解决。	**高度的图像生成能力**：能将文字描述转化为多种风格的精美图像。 **丰富的艺术风格支持**：满足不同创意需求，从现实到抽象艺术。 **提升创作效率**：在设计领域加速创意流程，缩短设计时间。
用户群体	**作家、内容创作者、自媒体人**：提供创作灵感和文本润色。 **客服企业**：提升客户服务质量和效率。 **研究人员和学者**：辅助文献分析和研究思路梳理。 **程序员**：协助代码编写和问题解决。	**设计师、艺术家**：用于概念设计和创意表达。 **导演、游戏开发者**：辅助视觉效果设计和场景构建。 **广告行业从业者**：生成广告创意和视觉方案。
限制挑战	主要聚焦于语言，对于图像和视觉创意方面的任务支持有限。	专注于图像生成，无法处理语言理解和文本生成等任务。

10.2　与垂直领域模型的协作策略

在人工智能的发展进程中，不同的模型各司其职，发挥着独特的作用。DeepSeek 作为一款功能强大的语言模型，在很多任务中表现出色。但当面对专业性很强的垂直领域，比如医疗、金融、教育等时，单靠 DeepSeek 自身往往难以完全满足复杂的需求。这时，与垂直领域模型协作就成了一种非常有效的方式，能让不同模型的优势相互补充，发挥出更大的价值。接下来，我们就来深入了解它们是如何协作的。

每个垂直领域都有其独特的知识体系和复杂的任务需求。以医疗领域为例，疾病的诊断需要综合考虑患者的症状、病史、检查结果等多方面信息，而且医学知识不断更新，病症表现也十分复杂。金融领域则涉及经济形势分析、市场波动预测、风险评估等，需要精准的数据计算和专业的金融知识。DeepSeek 虽然拥有强大的语言理解和生成能力，但对于这些高度专业化的知识，它并不具备全面深入的理解能力。而垂直领域模型是专门针对特定领域开发的，在各自领域的专业知识和任务处理上具有优势。比如医疗影像诊断模型，对 X 光、CT等影像中的病症特征识别非常精准；金融风险评估模型，在分析金融数据、评估投资风险方面有着成熟的算法。所以，DeepSeek 与垂直领域模型协作，能够取长补短，为用户提供更专业、更准确的服务。

10.2.1 协作方式

数据层面的协作

在协作过程中，数据的共享和交互是基础。DeepSeek 可以处理大量的文本数据，将其转化为有用的信息。比如在医疗领域，DeepSeek 可以对患者的病历文本进行分析，提取关键信息，如症状描述、过往病史等。然后，将这些经过处理的文本信息传递给医疗领域的专业模型，比如疾病诊断模型。疾病诊断模型再结合自身对医学影像数据、检验数据等的分析，作出更准确的诊断。在金融领域，DeepSeek 可以分析新闻报道、研究报告等文本数据，提取出与金融市场相关的信息，如政策变动、行业趋势等。这些信息可以与金融风险评估模型所使用的金融交易数据相结合，让风险评估更加全面准确。

任务层面的协作

不同模型在任务处理上也可以分工协作。以智能教育为例，DeepSeek 可以承担与学生对话、解答一般性知识问题的任务，帮助学生理解学习内容、梳理知识框架。而教育领域的专业模型，比如智能作业批改模型、个性化学习路径规划模型，则负责完成专业性更强的任务。智能作业批改模型可以根据学科知识和评分标准，对学生的作业进行批改和分析；个性化学习路径规划模型可以根据学生的学习情况和能力，为学生制订个性化的学习计划。通过这种任务层面的协作，能够为学生提供更全面、更个性化的教育服务。

10.2.2　协作案例

医疗领域协作

2025 年 2 月，医渡科技宣布将 DeepSeek 人工智能模型整合至其自主研发的"AI 医疗大脑"YiduCore。

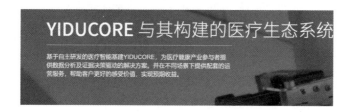

图 10-8　医疗大脑 YiduCore

在这次协作中，DeepSeek 主要负责通过深度学习和自然语言处理等前沿技术，挖掘海量医疗数据中的隐含价值。而 YiduCore 凭借自身强大的数据处理能力，截至 2024 年 9 月 30 日，已累计处理和分析超过 55 亿份经授权的医疗记录，网络覆盖超过 2800 家医院，其疾病知识图谱涵盖所有已知疾病的基本信息。

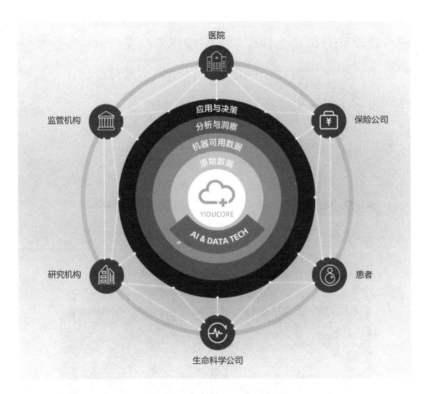

图 10-9 医疗大脑 YiduCore 概念图

在实际运作时，当需要研究某种罕见疾病时，DeepSeek 先对大量的医学文献、病例报告等文本数据进行分析，提取关键信息和潜在的研究方向。这些信息会被传递给 YiduCore。YiduCore 则利用自身庞大的医疗数据资源和疾病知识图谱，快速调取相关病例及数据支持。例如，快速找到过往相似病例的诊断过程、治疗方案以及治疗效果等信息。然后，两者结合，帮助研究人员迅速形成疾病模型，进而探索新的治疗方案。在这个过程中，DeepSeek 的文本分析能力与 YiduCore 的数据处理和知识图谱优势相互补充，大幅提升了医务工作者的工作效率，缩短了诊疗时间，降低了医疗成本。

金融领域协作

2025 年 2 月，江苏银行借助 DeepSeek 推动数字金融转型，推出"智慧小苏"大语言模型服务平台。该平台基于对 DeepSeek-VL2 多模态模型和 DeepSeek-R1 推理模型的本地化微调与应用。

图 10-10　江苏银行

在智能合同质检方面，DecpSeek-VL2 模型发挥了关键作用。金融合同往往存在合并单元格、跨页表格等复杂内容，DeepSeek-VL2 模型利用其细粒度文档理解能力，有效处理这些复杂情况，将合同质检的成功率提升至 96%，比传统手段提高了 12 个百分点。在这个过程中，DeepSeek-VL2 模型就像是一个专业的合同审查员，对合同文本进行细致分析，查找其中可能存在的风险条款、不合规内容以及错误条款。同时，江苏银行将 DeepSeek-VL2 模型与外部数据相结合，进一步提高合同审核效率，建立起企业信贷的"防火墙"。

而 DeepSeek-R1 模型在风险评估和投资分析等任务中表现出色。它负责风险评估和投资分析等任务的自动化，通过智能化全链路处理实现邮件分类、产品匹配、交易录入和估值表解析等功能，识别成功率超过 90%。每天可节约近 10 小时的人工工作量，各项业务流程集中运营，大幅提升了金融服务的效率和可靠性。在进行投资分析时，DeepSeek-R1 模型分析市场数据、行业动态等信息，江苏银行自身的金融风险评估模型结合金融交易数据，两者共同为投资决策提供全面的参考依据，帮助银行作出更明智的投资决策。

10.2.3 协作面临的挑战与解决方法

虽然 DeepSeek 与垂直领域模型的协作前景广阔，但在实际应用中也面临一些挑战。首先是数据安全和隐私问题，不同领域的数据往往涉及敏感信息，如医疗数据中的患者隐私、金融数据中的客户资产信息等。要解决这个问题，可以采用加密技术对数据进行加密传输和存储，同时建立严格的数据访问权限管理机制，确保只有被授权人员才能访问和使用数据。其次是模型之间的兼容性问题，不同的模型可能采用不同的技术架构和数据格式，这就需要建立统一的接口标准和数据规范，使模型之间能够顺利地进行数据交互和任务协作。最后还需要培养跨领域的专业人才，他们既懂人工智能技术，又熟悉垂直领域的专业知识，能够更好地推动模型协作的应用和发展。

通过与垂直领域模型的协作，DeepSeek 能够突破自身的局限性，在更广泛的领域中发挥更大的价值，为各个行业的发展提供强大的技术支持。

第 11 章　前沿功能前瞻

11.1　实时联网搜索应用：让 AI 获取最新信息

在使用 AI 进行信息查询时，许多用户都会遇到一个问题：AI 的知识库是静态的，无法获取最新信息。大多数 AI 语言模型的知识是基于过去的数据训练的，因此当你询问一个最新的新闻事件、最近的学术研究或实时市场动态时，AI 可能会给出一个过时的答案，甚至直接告诉你它无法访问互联网。这种局限性限制了 AI 在某些场景下的实用性，尤其是需要获取最新数据的任务时，比如金融投资分析、新闻事件追踪、实时技术动态更新等。

为了弥补这一短板，实时联网搜索功能应运而生。它让 AI 能够在特定情况下访问互联网，获取最新的网页、新闻、学术论文、市场数据等，使其在回答问题时不再局限于静态知识库，而是能够结合最新信息进行动态推理。这个功能的价值不仅仅在于提供最新的信息，还能让 AI 的回答更加精准、可靠，而不是基于过时的资料进行推测。

11.1.1　为什么 AI 需要实时联网搜索？

传统的 AI 语言模型依赖于训练数据进行推理，它们的知识通常停留在最近一次训练时的时间点。例如，一个 2023 年训练的模型，其知识可能只能覆盖到 2022 年的事件，这意味着它无法提供 2023 年及以后的最新信息。尽管 AI 可以基于已有数据进行推测，但推测并不等于事实，在需要精准、最新信息的任务中，仅靠静态知识库是不够的。

实时联网搜索的引入，使 AI 能够获取最新的新闻与事件，避免因训练数据过时而提供错误信息。它可以访问最新的学术研究与技术进展，特别适用于科学研究、技术开发等领域。它还能追踪实时市场动态，例如股市行情、产品价格变化、政策变更等，使 AI 在商业分析中更加实用。同时，在查询官方数据与法律法规时，也能避免依赖过时的法律条款或政策信息，让回答更具时效性。

11.1.2　如何利用联网搜索增强 AI 交互能力？

新闻与时事追踪是联网搜索最直接的应用之一。如果用户想要了解最近的国际新闻、科技动态或行业趋势，传统 AI 可能会提供一个基于旧数据的概括性答案，而实时联网的 AI 则可以直接搜索最新的新闻来源，并提供更符合当前情况的答案。例如，在询问人工智能行业的投资增长趋势时，传统 AI 可能会给出一个基于过去数据的回答，而联网 AI 则能够结合最新的市场数据，分析当前的资本流向、行业发展趋势，甚至引用最新的投资报告。

学术研究与前沿技术动态也是联网 AI 大显身手的领域。普通 AI 只能回答它在训练数据中学到的知识，而无法获取最新的科研成果。然而，对于研究人员和技术开发者来说，访问最新的学术论文、技术报告至关重要。联网 AI 可以直接从知名学术数据库、官方研究机构网站等渠道获取最新的学术成果，例如查询最近三个月内发表的人工智能伦理研究论文，或检索最新的癌症免疫疗法研究成果，使其成为科研辅助的强大工具。

市场动态与商业分析则是另一个重要应用场景。在商业决策中，市场数据的时效性至关重要，尤其是在金融投资、竞争对手分析、新产品市场调研等领域。联网 AI 能够实时获取最新的股市数据、企业财报、市场预测等，提供更具参考价值的商业分析。例如，它可以提供本周特斯拉股票的市场表现及主要影响因素，或者最新的全球芯片供应链状况分析，使商业决策更具数据支持。

法律法规与政策变化是另一个联网搜索的关键应用领域。法律法规和政策会不断更新，特别是在涉及数据隐私、人工智能监管、国际贸易的领域，传统 AI 可能引用过时的法律条款，而联网 AI 可以直接访问官方法律数据库、政府网站，提供最新的法律信息。例如，它可以查询最新的欧洲 AI 监管政策，或美国最近修改的关于数据隐私的法律，使法律从业者能够获取最新的政策信息。

11.1.3 联网 AI 的局限性与使用注意事项

虽然实时联网搜索为 AI 带来了更强的能力，但它并非万能，在使用过程中需要注意信息可信度问题。AI 可能会从多个网站获取信息，但并不能自动辨别哪些是权威来源。因此，在获取联网搜索的结果后，用户仍须自行判断信息的真实性。例如，AI 可能会引用博客文章或社交媒体内容，而这些内容的可信度可能较低。

搜索范围受限也是一个问题。AI 无法访问所有网站，特别是需要登录权限的学术数据库、企业内网、付费内容等。例如，某些商业数据或学术研究可能需要订阅权限，AI 无法直接获取。此外，由于联网搜索需要从多个网站提取、整理信息，AI 可能需要比普通对话更长的时间来生成回答。如果用户在使用联网搜索时发现 AI 响应较慢，这是正常现象。

避免过度依赖也是很重要的。联网 AI 虽然能够提供最新信息，但它并不具备独立分析能力，它仍然是基于已有数据进行匹配。因此，对于复杂的决策问题，联网 AI 只能作为辅助工具，而不能替代专业人士的判断。在进行市场分析、法律研究或学术调研时，联网搜索的结果应当作为参考，而非最终结论。

11.1.4　让 AI 成为你的实时信息专家

实时联网搜索功能极大地提升了 AI 在新闻、科技、商业、法律等领域的实用性，使其从一个静态知识库变成一个动态信息获取工具。通过合理利用这一功能，用户可以让 AI 获取最新信息，为学习、研究、商业决策提供更精准的数据支持。

在使用联网搜索时，可以遵循精确描述查询需求的策略，例如限定时间范围、信息来源，避免 AI 提供无关信息。也可以对比多个搜索结果，以确保信息的准确性，而不是盲目接受 AI 提供的第一份答案。对于搜索结果要结合已有知识进行判断，不要完全依赖 AI。

掌握这些方法后，AI 可以成为实时信息助手，帮助用户随时获取最新知识，让决策更加智能、更加精准。下一次当你需要获取最新信息时，不妨尝试让 AI 进行联网搜索，看看它能为你提供哪些全新的见解。

11.2 多模态扩展方向：AI 如何突破文本的局限

传统的 AI 主要依赖文本交互，但现实世界的信息远远不只有文字。人类在日常交流中会使用语言、图片、音频、视频等多种信息载体，而仅靠文本 AI 无法处理图像、音频或复杂的数据结构，限制了它在许多领域的应用。为了解决这个问题，多模态 AI 正在成为人工智能发展的新方向，让 AI 能够理解和处理不同类型的信息，例如图片识别、语音理解、视频分析，甚至跨模态融合，从而在更多场景中提供智能化服务。

多模态 AI 的核心在于结合不同的信息源进行智能分析，例如同时利用文字和图片进行产品识别，或者让 AI 读取医学影像并结合病历数据进行诊断。这种技术不仅扩展了 AI 的应用范围，也提升了 AI 处理复杂问题的能力。本节将探讨多模态 AI 的发展方向、典型应用以及未来可能带来的变革，帮助你理解 AI 如何突破文本的局限，进入真正的智能化交互时代。

11.2.1 为什么 AI 需要多模态能力？

目前的 AI 主要是基于文本进行推理和生成，但在实际应用中，仅靠文本往往无法满足用户需求。例如，在电商平台，用户可能会上传一张商品图片，希望 AI 识别并推荐相似产品；在医学领域，医生可能需要 AI 结合 X 光片和患者病历进行疾病诊断。如果 AI 只能处理文字，就无法有效应对这些场景。而多模态 AI 通过整合文本、图像、语音等信息，使 AI 能够理解更丰富的数据，提高智能化水平。

多模态 AI 的优势体现在以下几个方面：

跨信息来源整合能力：AI 可以同时分析文字、图像和语音，使其能够更全面地理解用户需求。例如，在自动驾驶中，AI 需要同时处理道路标志、雷达数据和驾驶指令，而不是单独分析某一项信息。

更贴近人类认知方式：人类的学习和思考不仅依赖于语言，还依赖视觉、听觉等多种感官输入。多模态 AI 让 AI 更接近人类的认知方式，使其在学习和推理方面更具灵活性。

提升 AI 交互体验：传统文本 AI 只能通过文字进行交流，而多模态 AI 可以结合语音和图像，提高交互的直观性。例如，智能语音助手可以通过语音识别用户意图，并结合屏幕显示相关的视觉信息，使互动更加自然。

11.2.2　未来的多模态 AI 能做什么？

随着多模态 AI 的发展，它将在许多领域带来变革，推动 AI 从单一文本处理走向更广泛的智能应用。

智能搜索与视觉识别

在传统的搜索引擎中，用户通常需要输入关键词才能获取信息，但多模态 AI 让搜索不再局限于文字。例如，用户可以上传一张服装图片，AI 通过图像识别找到相似的商品，而不需要手动输入描述。这种"以图搜图"的方式已经在电商平台得到广泛应用，未来，AI 甚至可以结合用户的语音描述和图片，提供更精准的搜索结果。

在安防和公共安全领域，多模态 AI 也能发挥重要作用。例如，AI 可以结合监控视频、语音数据和文本记录，自动检测异常行为，提高安全监控的智能化水平。在机场或车站，AI 甚至可以结合面部识别和旅客证件信息，实现无缝身份验证，提高通关效率。

医学影像分析与智能诊断

医疗行业是多模态 AI 应用最具前景的领域之一。传统的医学 AI 主要依赖文本数据，例如电子病历、研究论文等，但在实际诊断过程中，医生通常需要结合医学影像（X 光片、CT、MRI）、患者病史和实验室检测数据进行综合判断。如果 AI 仅能处理文本，就无法真正参与到医学诊断中。而多模态 AI 可以同时分析患者的影像数据、血液检测结果、病历记录，甚至结合医生的语音输入，提供更精准的疾病预测和治疗方案。

这种技术在癌症筛查、心血管疾病检测、眼科诊断等领域已经取得了显著进展。例如，AI 可以结合眼底图像和糖尿病病史数据，自动检测糖尿病视网膜病变，提高早期诊断率。此外，多模态 AI 还可以辅助手术规划，例如在骨科手术中，AI 可以结合 3D 医学影像和患者数据，为医生提供个性化的手术方案，提高治疗效果。

AI 生成内容（AIGC）的新突破

目前 AI 主要生成文本，但未来多模态 AI 能够生成图像、音频、视频等更多类型的内容，大幅提升 AI 在内容创作领域的应用价值。例如，在广告和营销领域，AI 可以结合品牌的产品描述和市场数据，自动生成符合品牌风格的海报、视频广告或社交媒体内容。而在游戏和影视行业，AI 可以根据文本脚本自动生成相应的角色形象、场景设定，甚至合成 AI 配音，实现从文本到完整视听内容的创作过程。

目前，一些 AI 绘画模型（如 DALL·E、Stable Diffusion）已经能够根据文本描述生成高质量的图像，而多模态 AI 未来甚至可以让用户输入一段故事情节，AI 自动生成完整的动画短片，使内容创作更加高效。

人机交互的新体验

在未来的 AI 助手中，多模态能力将成为标准配置。相比于当前的智能助手（如 Siri、Alexa 主要依赖语音和文本交互），多模态 AI 将支持"听、看、说、读"四种交互方式，使 AI 变得更加智能。例如，在远程会议中，AI 不仅能转录语音，还能自动生成会议摘要、分析演讲者的情绪，甚至结合幻灯片内容进行智能讲解。

在教育领域，多模态 AI 还可以带来更加生动的学习体验。例如，AI 可以结合文本讲解、视频示范和语音互动，为学生提供个性化的学习方案。在学习化学时，AI 可以展示 3D 分子模型，并通过语音讲解化学反应的原理，让学习变得更加直观。

11.2.3　多模态 AI 的挑战与未来发展

尽管多模态 AI 具有巨大的潜力，但它仍然面临诸多挑战。例如，数据整合的难度，不同模态的数据格式各异，文本是结构化的，图像是像素数据，语音是音频波形，如何高效融合这些数据是当前研究的难点。此外，计算资源的消耗也是一个问题，处理多模态数据通常需要更强的计算能力，如何优化算法以降低计算成本也是未来需要研究的课题。

尽管如此，多模态 AI 仍然是未来人工智能发展的重要方向。随着计算能力的提升和算法的优化，AI 将不再局限于文本，而是能够理解和处理更加丰富的信息，实现更加智能的交互体验。下一次当你使用 AI 进行搜索、创作或学习时，不妨想象一下，当 AI 能够听、看、读、写时，它将如何改变你的世界。

11.3　自动化工作流设计：AI 如何提升效率与智能决策

人工智能的强大不仅仅体现在回答问题或生成内容上，还体现在可以整合多个任务，自动执行复杂的工作流程，从而提高效率、减少重复劳动、优化决策过程。这种自动化工作流设计正在成为 AI 发展的关键方向，它让 AI 不再是一个被动响应的工具，而是可以主动规划、执行任务，帮助用户完成从信息收集到数据分析，再到内容生成的全流程操作。

自动化工作流的核心是让 AI 结合多个工具、数据源和任务节点，形成一条完整的智能工作流，从而大幅提升用户的工作效率。例如，在企业管理中，AI 可以自动处理邮件、归纳数据、生成报告，甚至结合外部信息进行决策分析。在内容创作领域，AI 可以自动整理资料、撰写初稿、优化文案，减少手工编辑的工作量。而在编程和技术开发中，AI 可以结合代码编写、错误检测、自动部署等功能，使开发流程更加流畅。

11.3.1　为什么自动化工作流是 AI 的未来？

在传统的工作方式中，大多数任务都是线性且依赖人工操作的，这意味着每个步骤都需要人工介入，例如收集信息、整理数据、撰写报告、优化内容、执行决策等。然而，这些任务中有大量是重复的、可预测的，如果让 AI 自动处理，不仅可以节省大量时间，还能降低人为错误，提高整体工作效率。

自动化工作流的核心优势包括：

提升效率：AI 可以自动完成数据整理、内容生成、邮件回复等任务，减少人为干预。

减少错误：AI 通过标准化执行流程，避免因人工失误导致的数据遗漏或决策错误。

优化协作：AI 可以整合多个数据源，让不同部门之间的信息流更加顺畅。

智能化决策：AI 可以在工作流中分析数据、预测趋势，并根据实时数据调整策略，使企业或个人的决策更具科学性。

11.3.2　自动化工作流如何应用于不同领域？

AI 的自动化工作流可以应用于各个行业和工作场景，从企业管理到内容创作，从软件开发到客户服务，它都能帮助用户减少重复劳动，提高智能化水平。

企业管理与智能办公

在企业管理中，AI 的自动化工作流可以大幅减少行政事务的工作量。例如，AI 可以自动处理邮件、生成会议记录、安排日程，甚至进行数据归档。一个高效的 AI 自动化办公系统可能包括以下流程：

邮件处理：AI 自动分类收件箱邮件，并生成重要邮件摘要。

会议管理：AI 识别会议日程，提前生成议程，并在会议结束后自动生成会议记录。

数据汇总：AI 读取销售数据、财务报表，并自动生成每月的财务分析报告。

自动提醒：AI 监测任务进度，并向相关人员发送提醒邮件。

这样的自动化系统可以减少管理人员的工作量，让他们把精力放在更重要的业务决策上。

市场营销与内容创作

在市场营销领域，AI 可以自动完成从数据分析到内容生产再到发布的完整流程。例如，一个 AI 营销自动化系统可以执行以下步骤：

市场调研：AI 通过联网搜索收集行业动态、用户反馈、竞争对手数据。

文案生成：基于调研数据，AI 自动撰写产品介绍、广告文案、社交媒体帖子。

图像与视频生成：AI 结合文本和品牌风格，自动生成符合市场趋势的广告图片或短视频。

发布与分析：AI 自动发布内容，并跟踪用户反馈，调整下一步的营销策略。

这种 AI 驱动的营销工作流不仅可以大幅提高内容生产的速度，还能通过数据驱动优化营销效果，使品牌推广更加精准。

软件开发与运维

在软件开发领域，AI 的自动化工作流可以简化开发流程，提高代码质量。例如，一个 AI 辅助的自动化开发系统可以执行以下任务：

需求分析：AI 读取用户需求文档，并自动生成开发任务列表。

代码编写：AI 结合代码库，自动生成符合需求的代码片段。

错误检测：AI 自动检测代码中的错误，并提供优化建议。

自动部署：AI 监测代码更新，并在测试通过后自动部署到服务器。

这种方式不仅能提高开发效率，还能降低软件开发过程中的错误率，使整个开发流程更加高效。

客户服务与智能交互

在客户服务领域，AI 的自动化工作流可以提升客户体验，提高客服团队的工作效率。例如，一个 AI 驱动的客服系统可以自动完成以下流程：

智能客服：AI 自动分析用户问题，并提供即时的 FAQ 答案。

情绪分析：AI 识别客户语气，判断客户是否需要人工介入。

工单管理：AI 自动创建客服工单，并根据问题类型分配给合适的客服人员。

反馈分析：AI 收集客户反馈，并自动生成改进方案。

这种智能客服工作流不仅能够降低客服成本，还能让客户问题得到更快速的响应，提高整体用户体验。

11.3.3　如何设计 AI 驱动的自动化工作流？

要让 AI 有效地执行自动化任务，工作流的设计需要遵循几个关键原则：

明确任务目标：首先确定 AI 需要执行的任务，并拆分为多个可执行的步骤，例如"数据收集 → 分析 → 生成报告"。

选择合适的 AI 工具：不同的任务可能需要不同类型的 AI，例如文本生成 AI 适用于写作任务，数据分析 AI 适用于商业预测。

设定触发条件：自动化工作流通常需要设定触发条件，例如"每周一自动生成周报"，或者"当客户咨询量达到一定阈值时自动触发客服 AI"。

监测和优化：AI 可能在执行过程中遇到问题，因此需要不断监测结果，并优化任务流程，例如调整 AI 生成的内容质量或改进数据分析方法。

11.3.4　未来 AI 自动化的趋势

随着 AI 技术的进步，自动化工作流将越来越智能，甚至能够实现自我优化。例如，未来的 AI 系统可能具备自适应能力，可以根据历史数据调整执行策略；或者具备多模态理解能力，能够同时分析文本、图像、视频等多种信息来源，使自动化工作流更加智能化。

在企业、个人和行业应用中，AI 驱动的自动化系统将成为不可或缺的工具，帮助人们减少重复工作，提高决策质量，让工作流程更加流畅和高效。下一次当你处理烦琐的任务时，不妨思考一下，是否可以利用 AI 进行自动化优化，让它帮助你。

Appendix

高频场景提示词模板库

在使用 DeepSeek 等 AI 工具时,输入高质量的提示词(Prompt)是获得精准回答的关键。本附录提供高频场景的提示词模板,涵盖学习、写作、职场、创意、编程、生活助手等多个领域,帮助你更高效地与 AI 互动,让 AI 成为你的智能增效工具。

一、学习与知识获取(6 个)

1. 系统学习计划

"我是 [学生 / 职场人士],希望系统学习 [某个学科 / 技能],目标是 [达到什么水平],每天能投入 [多少时间]。请制订一个 [时间范围] 的详细学习计划,并推荐相关的书籍、课程与实践方法。"

2. 概念通俗化解释

"请用通俗易懂的语言解释 [某个复杂概念]，并举例说明，使没有相关背景知识的人也能理解。"

3. 对比分析

"请对比 [A] 和 [B]，分别从 [技术特点、优缺点、应用场景] 等方面进行详细分析，并提供适用建议。"

4. 论文综述

"请汇总近年来关于 [某个研究方向] 的研究进展，列举关键论文和主要结论，并提供对未来发展的预测。"

5. 考试复习要点

"我即将参加 [某个考试]，请按照 [章节 / 知识点] 列出考试重点，并提供高效的复习方法。"

6. 知识点速记

"请将 [某个主题] 的关键知识点整理成简明扼要的笔记，适合作为复习时的速记资料。"

二、高效写作与内容创作（6 个）

7. 文章大纲生成

"我需要写一篇关于 [主题] 的文章，目标读者是 [受众群体]，希望内容结构清晰、逻辑严谨。请提供一份详细的大纲。"

8. 改写优化

"请优化以下文本，使其更加流畅、专业，同时保持原意：[粘贴文本]。"

9. 标题创意

"请为下面的文章拟写 5 个不同风格的标题，包括正式、幽默等风格：[文章摘要]。"

10. 社交媒体文案

"请用 [幽默／正式／煽情] 的语气，写一篇适用于 [社交平台，如微博、Instagram] 的短文，主题是 [某个事件／产品]，并附带一个引人入胜的开头。"

11. 演讲稿撰写

"请帮我撰写一篇关于 [某个话题] 的演讲稿，时长约 [几分钟]，风格应当 [正式／幽默]。"

12. 故事创意生成

"请为一个 [科幻／悬疑／奇幻] 题材的故事提供一个新颖的创意，并写出 300 字左右的开头。"

三、职场与办公（6 个）

13. 求职简历优化

"我正在申请 [某个职位]，这是我的简历：[简历内容]。请优化语言表达，使其更具竞争力。"

14. 面试模拟

"请模拟一个［某个行业］面试官，向我提问 5 个针对［岗位］的核心问题，并提供最佳回答思路。"

15. 工作邮件写作

"请帮我撰写一封正式的工作邮件，主题是［邮件主题］，对象是［收件人身份］，语气应当［友好］。"

16. 项目计划书

"请帮我撰写一份关于［项目名称］的项目计划书，包括背景分析、目标设定、实施步骤和预期成果。"

17. 会议记录整理

"请帮我整理以下会议记录，提炼出关键决策和行动计划：［粘贴会议记录］。"

18. 绩效反馈

"我需要给［某位员工／同事］提供绩效反馈，请用［鼓励性／改进建议］的方式撰写一段专业的评价。"

四、创意与品牌营销（6 个）

19. 品牌宣传语

"请为［某个行业］的［某个品牌］写一个独特的宣传语，突出

[某个特点]。"

20. 广告文案

"请撰写一篇关于 [某个产品] 的广告文案，风格应当 [幽默 / 有情感共鸣 / 有科技感]，并包含一个有吸引力的 CTA（行动号召）。"

21. 营销策略

"请为 [品牌 / 公司] 设计一份营销策略，目标是 [提升品牌曝光度 / 增加销售量]，并列出 5 个可执行的推广手段。"

22. 热点借势文案

"请基于当前热点事件 [热点名称]，撰写一条与 [某个品牌] 相关的营销文案。"

23. 产品描述

"请用吸引人的语言描述 [产品名称]，突出其核心卖点，并适用于电商平台。"

24. 社交媒体互动

"请撰写一条适合 [社交平台] 的互动帖文，鼓励用户参与讨论，主题是 [话题]。"

五、编程与技术（6个）

25. 代码示例

"请用 [编程语言] 写一个 [功能描述] 的示例代码，并提供简要解释。"

26. 算法优化

"以下是我的代码：[粘贴代码]，请优化它，使其运行更高效，并提供修改后的代码。"

27.Bug 排查

"我的程序遇到了 [描述错误]，以下是相关代码：[粘贴代码]。请帮助我分析可能的错误原因并提供修复方案。"

28. 数据库设计

"请为一个 [应用场景] 设计数据库结构，包括核心表和字段。"

29.API 调用示例

"请提供一个使用 [某 API] 的完整代码示例，包括身份验证和数据获取。"

30. 自动化脚本

"请用 [编程语言] 编写一个自动化脚本，实现 [描述任务]。"

六、生活助手（4 个）

31. 旅行攻略

"请制订一份在 [目的地] 的旅行攻略，包括最佳旅行时间、必去景点和当地美食推荐。"

32. 健康饮食计划

"请为我制订一份健康饮食计划，目标是 [减脂 / 增肌]，每天摄入 [热量目标]。"

33. 时间管理建议

"请根据 GTD（Getting Things Done）方法，帮我优化每天的时间安排，提高效率。"

34. 人际沟通技巧

"请提供一些提升人际沟通能力的方法，尤其是在 [某个场景] 下更好地表达自己的想法的方法。"

Postscript

后记

与 AI 共舞：在变革的浪潮中找寻自我

除夕夜，北京家中的灯光柔和而温暖，窗外灯火璀璨，处处洋溢着新年的喜悦。此刻，家家户户都在用不同的方式告别过去，迎接新的开始，而我悄然伫立在这时间的交汇点，感受到过往经验的重量和未来无尽的可能性。窗外的烟花绽放，映照着这座城市的脉动，也仿佛点燃了我内心的回忆，让我回顾这一路走来的点点滴滴，以及人工智能给这个时代带来的深刻变革。

不知不觉，已经工作十年了。十年前的我初涉智库这一领域，心中燃烧着无尽的好奇，渴望在这个知识密集的环境中找寻和创造属于自己的价值。当时的人工智能仍停留在理论研究和有限的应用场景中，而我却坚信，它终将成为推动社会变革的关键动力。那时的我怀揣着梦想，对每一个研究课题都充满热忱，渴望解读数据背后的意义，探究技术发展的未来方向。我相信，每一次政策分析、每一份数据建模，都是通向未来的一小步，而我们所处的时代，正是见证人工智能迈向成熟的关键节点。

过去十年，人工智能从实验室走向现实，从学术讨论变成社会热点，它改变了我们的生活方式，也改变了我的思考方式。我第一次接触 AI 时，它还只是简单的文本分析工具，而如今，我们已经站在大模型、生成式 AI、多模态交互的时代门槛上。DeepSeek 这样的人工智能工具，不仅能与我们展开自然对话，还能帮助我们写作、翻译、编程、分析，甚至进行复杂的推理。这种技术的进步，让我意识到，"人工智能"不再只是一个研究领域的概念，而是一个可以赋能每个人、提升社会效率、拓展思维边界的强大工具。它让我们能以更快的速度获取知识，以更精准的方式解决问题，以更具创造性的方式表达想法。在这个过程中，我也从一名纯粹的研究者逐渐成为人工智能变革的亲历者和推动者。

当我动笔写下这本书时，我希望它不仅仅是一本关于人工智能的介绍手册，更是一座桥梁，连接技术与现实，帮助每一个对 AI 充满兴趣的人更快地理解并应用这项技术。从零开始使用 DeepSeek，这本书并不仅仅是一个操作指南，也能带动我们转变观念——让 AI 成为我们的伙伴，让它为我们的创造力赋能，而不是仅仅把它当作一个工具去使用。在撰写的过程中，我不断思考，如何让 AI 更易于被理解，如何让技术不再高高在上，而是像水、电、网络一样，成为现代社会的一部分，融入每个人的生活。

这本书的内容，从 AI 的能力边界到提示词的设计，从多步骤任务分解到结果优化，从实时联网搜索到自动化工作流，所有这些章节，都是在思考如何让 AI 真正帮助人类，而不仅仅是一个信息提供者。我深知，AI 仍然有它的局限性，它仍然无法完全取代人类的创造力、判断力和情感，但它的潜力已经足够令人惊叹。它可以帮助我们提高效率，让我们专注于更高价值的创造性工作；它可以减少烦琐、重复的劳动，让我们有更多的时间去思考和创新。未来，它不仅仅是一个被动响应的工具，更是一个能够与人类协同工作、共同探索世界的智能体。

在撰写这本书的过程中，我深刻体会到，AI 时代的核心竞争力，已经不再是简单的知识掌握，而是如何有效利用 AI 进行创造、分析和决策。会使用 AI 的人，将比不会使用 AI 的人更高效；善于让 AI 进行推理、生成、优化的人，将比只会搜索信息的人更具竞争力。这种变化，正在悄然重塑我们的工作方式，也在重新定义人与技术的关系。我们不再是被动适应技术的使用者，而是能够主动利用技术、塑造未来的创造者。

回望过去十年的职业生涯，从最初的政策研究到深度参与人工智能的普及与推广，我逐渐意识到，我们所经历的不仅是技术的一次飞跃，更是整个社会结构的变革。AI 不只是工具，它正在影响我们的思维方式，改变我们获取知识的方式，甚至塑造我们的世界观。在这种变革之下，个人的成长路径也正在被重新定义，学习的内容不再局限于传统的书本知识，还有如何与 AI 进行高效交互，如何提出更精准的问题，如何利用 AI 进行创造性思考。这是一个前所未有的时代，一个充满挑战与机遇的时代。

此刻，在除夕夜的沉思中，我感受到一种深沉的使命感。在这个技术革命加速演进的时代，每个人都有机会突破传统的边界，迎接新时代的到来。我相信，未来的世界将会更加智能，也更加充满可能性，而 AI 只是我们探索未知世界的工具之一。真正的智慧，依然属于人类本身，属于那些敢于尝试、敢于创新、敢于与 AI 共同进步的人。

未来已来，我们要做的，不是被技术裹挟，而是主动拥抱它，学习如何使用它，思考如何创造价值。我期待着，在未来的日子里，将这些经验与所学转化为行动，携手推动知识的创新与变革。我也希望这本书能够帮助更多人理解 AI、掌握 AI、利用 AI，让它成为生活和工作的得力助手，让更多人能够在技术变革的浪潮中，迎接属于自己的新时代。

当新年的钟声敲响，我在心里默默定下新的目标：继续探索 AI 的边界，让更多人享受技术进步带来的红利，让 AI 成为每个人的智能伙伴，而不仅仅是一个冷冰冰的计算工具。愿我们都能在时代的变革中，找到自己的方向，迎接属于我们的未来。

在这本书的创作过程中，我深知每一份智慧的凝聚都离不开身边人的支持与帮助。首先，我要特别感谢臧珮瑜、康洪源、吴则村等同学，他们在本书的构思、资料整理、案例筛选等方面提供了极大的帮助，使内容更加精准、生动，也更贴近实际应用。同时，也要感谢所有在交流讨论中给予我灵感的朋友和同事，你们的观点和反馈让我不断完善这本书的框架，让它不仅是一份学习人工智能的指南，更是一座连接技术与现实的桥梁。

此外，我要感谢所有关注 AI 发展、勇于探索 AI 可能性的读者，正是因为你们的好奇心和求知欲，推动了人工智能的发展，也让我们在这个变革的时代更加充满希望。AI 不是冰冷的工具，而是我们每个人的伙伴，它的进步离不开每一位使用者的探索和创造。我希望这本书能为你们提供一盏明灯，帮助你们更高效地利用 AI，让它成为你生活和工作的得力助手。

最后，感谢我的家人和朋友，在我深夜伏案写作、思考 AI 未来方向的时候，你们的陪伴和理解给予了我最大的动力。这本书不仅是对 AI 时代的探索，也是我们共同成长经历的见证。

愿未来的世界因 AI 更加美好，也愿我们都能在时代的浪潮中找到属于自己的方向。